U0024085

危機最前線

林佳龍如何帶領交通部跨越難關

馬機 著

序言

曾經「十年磨一劍」扎根中台灣，選上台中市長的林佳龍，任內以人文、環境與城市發展爲主軸，更以著名的台中花博，帶來全新而令人驚豔的城市風貌。然而，2018年秋天那場選舉，政治氛圍變化快速，未能連任，帶著自認是台中人的豐富情感，林佳龍站在台上向群眾堅定地說「不管你投票給誰，我們永遠都是一家人」，以感性、充滿包容與期待的宣言，再次向支持者致謝。

林佳龍沒有離開台中，他說，台中已經是他的家。

林佳龍好好休息了才不過幾天，時局似乎沒要他停下腳步。2019年1月接獲新的任務，重回中央出掌交通部長，有支持的力量，有網路上酸言看壞，有些聲音則覺得他的發展應該不只如此。

擔任中央部會首長絕非輕易的事，交通部不僅是個充滿挑戰的部會，管轄範圍包山包海、上天下地，特別是普悠瑪意外事件後，在交通部最艱鉅的時刻，林佳龍選擇「共同承擔」貢獻己力，有人認爲這是一場危機入市，必定充滿風險的歷程，有好戲可看。

然而，林佳龍並未畏懼，搬出他最擅長的政策布局與精準洞察、判斷力做準備。果不其然，甫上任就遭逢史上首次的華航機師突襲罷工，迎接部長生涯序幕。危機不只一樁，等待其後的還有Uber與計程車檯面上生存之爭，背後的各方勢力爭鬥，也包括台鐵集集彩繪列車上的石虎畫錯了，出的包該怎麼收？都是非常難以處理的危機事件。

2019年的交通部一整年充滿考驗，沒有一項是輕鬆事；攸關未來台灣重大發展的5G執照競標，不能置身事外；南方澳發生斷橋事件，林佳龍連夜進駐指揮搶救；總統大選因素，陸客團停止來台，觀光產業面臨衝擊，加上年末的疫情擾動，跨年發展成2020年襲捲全球的武漢肺炎，讓林佳龍必須正面接招，打開風向雷達，大膽部署與行動。

危機處理考驗的是領導者智慧及膽識，決策過程中如何保持冷靜、清晰分析，又要能透過各種管道及策略解決問題，必要時以創新突破格局的思維，在危局中衝出一條生路，讓棘手事件化為圓滿，林佳龍這一年似乎都在做示範動作，帶領同仁往前走。

搭高鐵四處奔走，對林佳龍來說，習以為常。每天清早從台中離家出門，到台北開會或往南視察，傍晚深夜搭車回家吃飯、陪伴家人，成了解決危機之後最大的慰藉。林佳龍經常在車站遇到旅客打招呼問好，讓他覺得在交通部的日子，責任重大，步伐要更堅定。

危機在前，心頭有數，林佳龍解決這些事件的內幕與過程，經過採訪追蹤整理之後，可以是經營者危機管理課程的特別教材，或政府公部門應變的典範參考，更像是決策者心路歷程真心告白，從中看到林佳龍領導力的縮影。

目次

從集集列車彩繪事件到台鐵美學復興

一則IG留言解除公關危機借力使力扭轉負評

Hi, I'm Chia-lung Lin, Taiwan's Minister of Transportation and Communications, also in charge of Tourism. I want to express my sincere gratitude for your help in providing the creative design of leopard cat, which has become a symbol of protecting endangered animals in Taiwan. I would like to invite you to pay a visit to Taiwan, a wonderful island full of cultural and bio-diversities.

My best regards.

您好，我是中華民國交通部長林佳龍，亦負責台灣觀光事務。石虎現已成為台灣保護瀕危動物之象徵，因此對於您協助提供石虎原創設計圖樣，謹表達由衷的感激。在此同時，我想邀請您造訪台灣，親自看看這座充滿文化氣息與生態多樣性的美麗島嶼。

獻上我最誠摯的問候。

林佳龍部長在網路上貼出一則留言，表面上是一份單純的跨國邀請函，但實際上，這是扭轉一場公關宣傳災難的轉捩點，而整個事件導火線，來自台鐵列車設計圖樣的爭議。

「2019年網美IG打卡新景點」石虎像花豹惹議

時間回到2019年8月20日，集集支線彩繪列車「國立集集美術館」於台鐵樹林車站正式發表，車廂內外，塗上了蕉黃色的主視覺色系，非常搶眼，吸引了眾人目光，在網路上也立刻成爲網友瘋狂轉傳的熱門話題。

這是爲了帶動中台灣觀光產業發展，同時也爲2022鐵道觀光旅遊年做

集集支線彩繪列車

暖身，由觀光局、台鐵管理局及台灣高鐵公司三方合作，所共同推動的集集支線彩繪列車。

台鐵列車過去推出的車廂設計，因缺乏整體感，老是被網民戲稱「中華民國美學」，爲了洗刷負面印象，特別請到旅美設計師江孟芝操刀。江孟芝之前曾與觀光局海外行銷合作，設計過紐約花布地鐵車廂，以及新加坡閩南式巴士，將台灣特色讓全世界看到，頗受好評。這次台鐵也希望能夠延伸其設計美感，爲集集列車帶來耳目一新的感覺。果然發表當天，金蕉色的集集彩繪列車，清新簡約的設計風格，帶有親切可愛的元素，令人驚豔，不少媒體都以「2019年網美IG打卡新景點」爲標題報導，一時網路上討論度爆表。

「咦？這上面畫的石虎，怎麼長得比較像花豹？」

集集彩繪列車一下子受到這麼多的關注，難免就被用放大鏡來檢視。在公布之後，先是特有生物專家指出，畫出來的石虎圖案，缺乏耳背似三角形的白斑點、眉心白色直線條、眼窩白眼圈等石虎獨特的特徵，看起來反而比較像「花豹」。後續更衍伸出車內字體採用版權已被買斷的康熙字典體、座椅上報紙設計概念涉及模仿等爭議。

彩繪列車還沒開始吸引大批乘客，反倒吸引了網友撻伐，媒體也快速引述網友的質疑，大幅報導「出包」，原本一場適合宣傳的活動，突然陷入窘境，這樣的情形也快速傳到交通部，包括部長林佳龍的幕僚，也敏銳地發現可能會是一次公關危機，相關人員升高了警戒。

「石虎像花豹」的質疑，設計師江孟芝第一時間先在網路上回應，表示圖案是「簡化石虎的樣態，以可愛、藝術方式的呈現」，但仍無法平息網路一片質疑聲浪。設計師和特生專家溝通後，決定全部塗銷車廂石虎圖像，修正成原來的底色，觀光局表示尊重其修改決定，並且也已經請廠商洽購字體版權。

使用插圖遭爆料
官方處理陷兩難

媒體與網路，不斷追逐這事件的發展，不出多久就有ptt網友爆卦，發現石虎圖案疑似來自於國外圖庫網站，為俄羅斯畫家Катя Молодцова的作品。設計師江孟芝則在8月23日凌晨開網路直播道歉，坦承圖片的確購自於商業圖庫，但強調合法使用，並無抄襲。只是此時，網路及輿論負面評價，已經有如越滾越大的雪球，從質疑設計師「買圖」、「非原創」、

「不做功課」，到政府機關採購案「審核把關不嚴謹」、「經費亂花」，甚至俄羅斯畫家本人也表示，當初繪畫時就是以花豹爲主題而創作，從沒想過竟然會被當成石虎使用，而且還登上新聞版面⋯⋯

集集彩繪列車爭議持續延燒，觀光局於8月26日公開原設計師修改後的3款石虎設計，強調圖片上石虎的特徵，已經過特生中心、動物專家及石虎專家的認可，未來會從當中挑出2款，使用在集集彩繪列車上，試圖化解爭議，但民眾的疑慮顯然未消，網路聲量上也顯示負面訊息仍未消退，顯然這場公關宣傳危機仍炙熱，林佳龍部長則覺得相關單位處置未盡完善，開始思考介入的時間與方式。

隨著新聞追蹤與詢問，遠在數千公里外的俄羅斯插畫家Катя Молодцова，得知這輛觀光列車原本圖樣，來自於自己的筆下，在了解到我國石虎面臨瀕臨絕種的生存危機之後，就在個人IG上公布了親自繪製的3款台灣石虎，願意免費提供給所有台灣民眾與保育團體使用。

這下子，民眾都嗨起來了！但觀光局卻似乎陷入兩難尷尬。

受限於政府採購法，這案子已經簽約發包出去，根據日月潭管理處與廠商所簽訂的合約，只能針對簽約廠商所提供的作品進行驗收，除非廢標解約再重新發包，但是過程太曠日費時，不僅無法準時在九二一地震20週年時推出彩繪列車，也失去了推動集集觀光的時效性與意義。

觀光局向媒體回應，雖然很歡迎原作者提供圖片，但仍決定依法行事，採用原設計團隊修改後的石虎圖案，一方面婉謝俄國畫家的美意，一方面著手對車廂內外、文宣上進行趕工。然而這樣的謹慎保守的做法，似乎沒有緩解負面評價，火勢眼看即將燒到交通部本部。

交通部長林佳龍的辦公室裡，擺了許多可愛的動物玩偶，都是在各個不同場合獲贈的，部長還會親自擺放調整位置，對於他人的餽贈，都是心意，無論大小，他都沒忘記過，石虎更是林佳龍在台中市長任內主辦花博時的吉祥物，當初甚至因石虎棲息地變更花博場址。他對於石虎圖樣這件事，自然也有些想法，思考著該如何讓事情有更好的轉圜，又不和觀光局同仁的立場與努力有所牴觸。

從解決危機的角度來看，這個事件提高了民眾對石虎的關注程度，順帶拉高保育及觀光議題的關注度，那麼，「還有沒有更不一樣、更創新的方法，可以兼顧情理，化解危機？」這是林佳龍沉思之後的念頭。

林佳龍在內部LINE群組裡丟出了一個提議：「如果我去留言，邀請卡佳（Катя）來台灣玩，你們覺得如何？」

群組裡，各種「讚」的貼圖頓時洗版。

部長親自留言邀約來台
危機秒變轉機

於是，交通部長到卡佳（Катя）的個人Instragram上，親自留下的那一段短短英文留言，沒多久馬上被眼尖網友發現，瘋狂轉貼到各媒體社群討論區內，而林佳龍自己的臉書上，也完整向大家交代：

第一、設計作品應具有原創性，觀光局的政府標案理應如此；很可惜，這次的設計內容，確實在原創性上有明顯的瑕疵。

第二、被放進列車的俄國花豹插圖原創者Катя Молодцова，在瞭解台灣石虎的故事後，為台灣設計新的石虎插圖，並表達願意無償提供台灣使用。觀光局卻對媒體表示要婉拒對方的好意，我認為欠缺考量，觀光局應收回這句話，並設法促成這樁美事；另一方面，也應透過管道與原列車設計師充分溝通，並請特生中心在石虎的生物特徵上提供專業的協助指導，避免再生爭議紛擾，期盼有圓滿的處理方式。

第三、我除了親自到Катя Молодцова的Instagram留言感謝，也指示觀光局邀請她來參加9月的集集彩繪列車通車典禮，除了感謝她的無私貢獻與大度，也希望讓更多人瞭解台灣石虎保育的努力。

第四、日前苗栗發生石虎母子不幸遭路殺的悲劇，國人同感心痛，這表示我們努力的還不夠。石虎與雲豹是台灣唯二貓科原生種，雲豹已經絕種，石虎則瀕臨絕種。保育石虎刻不容緩，期望各界一起努力，交通部也會更加把勁，加強石虎友善道路及預警系統的建置以及各種宣導。

▍集集彩繪列車啟動典禮

▎集集彩繪列車啟動典禮（部長與卡佳合照）

石虎又叫做亞洲豹貓，因為身體有像豹一樣美麗的花紋得名；又因身上斑點
花紋類似錢幣，也被稱為「金錢貓」，是臺灣現存唯一原生貓科動物。石虎主要利用
棲地為低海拔淺山地區，相當靠近人類活動與居住地。在人類不斷開發下，從過去
廣泛分布於全島，到目前僅在苗栗、台中及南投有穩定的族群分布。除了棲地喪失
及破碎化的威脅外，還有人為獵捕、路殺、與流浪貓狗競爭等生存壓力，族群現況
不樂觀，依據野生動物保育法，列為第一級「瀕臨絕種」的保育類野生動物。
集集鐵道
小鎮漫遊套票
6
經典版

區間車

▍集集彩繪列車啟動典禮（部長與卡佳合照）

▍石虎列車內裝照

「有疏失就要承認，有錯就要改正」，是部長林佳龍所堅持的原則。

在這則石虎插畫爭議的公關危機處理當中，有幾個重點：

1 認錯止血，緩和情緒

部長先針對標案疏失，以及觀光局欠缺考量的部分，認錯道歉。一般來說，民眾大多是比較感性的，部長先代替屬下道歉，較能避免負面情緒繼續擴大。

2 焦點拉回主題，並提出解決之道

責成觀光局應盡力促成美事，並針對石虎圖案的準確性，請專家協助確認。以正面積極的解決方案，一來表現出重視問題的誠意，二來也讓負責單位有明確的執行方向。

3 借力使力，加碼贈送

國人原本只是期盼能夠採用俄羅斯版本的石虎圖案，結果不但點頭答應採用，更加碼邀請Катя Молодцова來台參加9月集集彩繪列車通車典禮，以話題人物吸引焦點，延續新聞曝光度，除了可再度聚焦石虎保育議題，透過Катя的來台，促進台俄兩國交流，還能順便行銷台灣鐵道觀光，可謂一舉多得。

「把那些罵最兇的找來一起參與！」台鐵美學雪恥戰開打

集集彩繪列車圓滿順利啓用，台鐵緊接著繼續推出一系列「鳴日——台鐵美學復興FUTURE-RENAISSANCE」活動，12月13日首先打頭陣亮相的，就是之前害台鐵與「俗氣沒有美感」畫上等號的觀光列車大改造，同時在台北車站一樓大廳，以未來感設計的特展展區，公開另兩款新購列車：韓國現代樂鐵團隊設計的空調通勤電聯車、與以「靜謐的移動」驚豔大眾的日本日立團隊設計城際電聯車。

事件要從2019年初談起，台鐵耗資新台幣7900萬，打造29輛環島之星觀光列車，但車廂裝潢設計曝光之後，不僅設計界專業人士、學者搖頭，一般民眾及鐵道迷更是大嘆「把中華民國美學發揮到淋漓盡致」，每個區塊風格、材質、色彩、元素都不一樣，貪心地全集中在同一車廂內，視覺上相當雜亂，一點也感受不到質感，負面評價排山倒海而來，網友甚至命名爲「台鐵美學」。被形容成是一場「近八千萬的災難」，台鐵內部上下因此士氣低落。

向來注重人文高度的交通部長林佳龍認爲，是時候讓美學設計導入公部門了。既然台鐵列車被罵翻了，那就從台鐵開始，扭轉陳舊的形象，「如果台鐵都做得到，其他部門也就沒有什麼藉口。」這是林佳龍對媒體分享的想法。

問題是，對台鐵員工而言，「我們都是拿工具的人，只知道實不實用，面對這樣的批評，眞的不知道該怎麼辦。」

「就讓專業的來！大家都沒學過設計美學，再怎麼想破頭也就是那樣而已，為什麼不讓那些專業的來做？」林佳龍突然靈光一現，「罵這麼兇，讓那些人親自參與，就不會被打臉了！」

於是，台鐵局長張政源4月宣布，由設計師吳漢中為代表，齊聚各界專家，成立台鐵美學設計諮詢審議小組，「把罵台鐵罵最兇的，通通找來一起做！」同時邀請得過許多設計大獎的柏成設計，將尚未施作完工的13輛列車，以專業的美學角度，重新設計改造內裝。

至於未來新購入與民眾生活息息相關的電聯車，城際列車部分找來日本團隊，以灰色調與大量留白，打造出簡約風格的靜謐感。通勤列車則由韓國團隊，以代表自然風光且親和力十足的綠色，打造出舒適微笑的乘車空間。

▎城際列車構想圖（台鐵局提供）

所有設計，都由台鐵團隊與美學諮詢小組，與各設計團隊共同討論。由於美學小組裡，本來就有設計專業出身的，因此每個團隊都提到，溝通起來非常輕鬆，不怕雞同鴨講，透過不同專業的激盪，找到實用性與美感的平衡點，打造出耳目一新的新台鐵印象。

台鐵觀光列車新風貌（鳴日號）

俗話常說「嫌貨才是買貨人」，美學諮詢小組中，也不乏有資深鐵道迷，愛之深責之切的心情不在話下，過程中提出許多建設性的意見，加上第一波柏成設計改造的觀光列車，普遍獲得正面評價，讓大家信心增加不少，果然當「鳴日——台鐵美學復興FUTURE-RENAISSANCE」系列一推出，透過論壇、互動特展等活動，引起很大的迴響，甚至原定只有3天的特展，在民眾反應欲罷不能的情況下，繼續延長展出天數。部長林佳龍在論壇中也表示，「透過設計，喚回乘客們豐富的記憶、體驗，感受溫度與美好。」

還記得一束鮮花的故事嗎？因爲收到一束美好的花朵，開始清洗花瓶，整理環境，最後整個房間都煥然一新。對於經歷了社會大眾各種批評與長官壓力的台鐵來說，「台鐵美學復興」終於受到大眾的肯定，老實的台鐵人們，嘴角與眼角都是藏不住的笑意，正如那束鮮花，是個令人振奮的開始。

從哪裡跌倒，就從哪裡爬起來。面對嚴苛的批評，不必急著爲自己辯解，反而借力使力，尊重專業並汲取他人智慧，讓敵人變戰友、奧客變貴人，一同爲共好而努力。

2020年台灣燈會在台中，2月7日當天是燈會的開幕，台鐵也特別安排了「鳴日號」2020年首航，從台北車站到大里車站的復興美學列車，邀請美學設計專家學者們共襄盛舉，包括中央社董事長劉克襄、天下雜誌總主筆蕭富元、奧美集團大中華區董事長莊淑芬、優人神鼓執行長王騰崇、肯夢創辦人朱平、文化評論者張鐵志、永眞急制負責人聶永眞，共同搭乘這班美學列車，重返「台鐵美學復興發源地」台中后里。

部長搭乘鳴日號列車

搭乘當天中午，貴賓們興致盎然地在台北車站依照預定時間集合，準備去體驗鳴日號，但更意外驚喜的是，神秘嘉賓突然出現在列車上！

原來是林佳龍部長出現列車上，與大家同車前往大里，車上氣氛更是熱鬧了。在這班首航列車上，就地來了一場「美學復興2.0行動論壇」，由台鐵局分享「台鐵美學復興之路」；列車的主設計師邱柏文暢談「鳴日號設計理念」；「台鐵美學小組」老師吳漢中、豪華朗機工共同創辦人張耿華，介紹「台灣燈會亮點」；擷果創意林長叡則是壓軸，介紹「台灣國際光影藝術節」。大家藉由列車上行動論壇集思廣益，互動交流，希望讓美學復興的意念及行動方向，持續在台鐵扎根、綿延。

車廂內的話題也聊到包括先前彩繪列車事件，台鐵美學必須改善等問題，「最重要的是，從危機裡，要找到改革的契機。」談到領導者面對問題應有的洞見力，林佳龍把自己的理念，執行力的來源，無私地與大家分享。

集集彩繪列車大事紀

2019.08.20	台鐵發表集集彩繪列車。 遭特生專家質疑「石虎像花豹」，且車內字體採用版權被買斷的康熙字典體。設計師江孟芝回應是「極簡設計」、「非寫實路線」。
2019.08.22	日月潭風景管理處表示，經設計師和特生專家溝通後，決定塗銷石虎圖像，並已請廠商洽購字體版權。 有ptt網友爆卦，石虎圖案疑似來自於shutterstock商業圖庫。
2019.08.23	設計師承認，石虎圖案是來自商業圖庫，購買由俄羅斯畫家Катя Молодцова所繪的花豹圖，但強調為合法使用，並非抄襲。
2019.08.26	觀光局長周永暉公布重新設計的石虎圖案。
2019.08.27	Катя Молодцова在IG上發表3幅石虎圖案，並表示願意免費提供台灣使用。 觀光局以合約為由婉拒，表示仍會使用重新設計的石虎圖。
2019.08.28	交通部長林佳龍在臉書上表示，原設計在原創上確實有瑕疵，並認為觀光局婉拒Катя Молодцова的好意，也欠缺考量，更親自到Катя Молодцова的IG上留言，感謝她為台灣石虎提供繪圖的無私與大度，並邀請她來台參加通車典禮，也希望透過事件，讓更多人關心石虎保育的議題。之後觀光局長周永暉則補充，經過溝通取得授權，集集彩繪列車將會以兩節車廂採用台版石虎圖案，另兩節車廂採用俄版石虎圖案，讓兩種造型都能公開亮相。
2019.08.29	駐俄羅斯代表處和Катя Молодцова會面，代表交通部正式邀請Катя於 9月訪台並獲同意。
2019.09.17	俄羅斯插畫家Катя Молодцова抵台，並於9月18日參加集集彩繪列車啟用典禮。

小黃計程車 vs. Uber

多方利益角力戰
如何用創新讓「大家一起贏」？

▍政次王國材

「沒有人會輸，Uber可以一起贏。」奉部長林佳龍的指示，交通部政次王國材拍攝影片，代表交通部說明立場與解決原則，簡單扼要的一句話，既好記，又令人印象深刻，更讓人引起好奇想要知道，如何可以達到各方都贏的局面。

時間拉回到2013年4月。

Uber進入台灣，改變了許多消費者的搭車習慣，也改變了許多人的收入。計程車司機因爲客人被拉走，收入減少了；有些人卻因爲Uber的低門檻及彈性時間，而增加了第二份收入。

起初Uber因爲法規侷限與市場競爭關係，顯得腹背受敵，不過卻以分享送折扣的低價促銷，補貼消費者，並且大舉招募白牌私家車，發起各種有趣的行銷活動，創造話題與吸引力，迅速獲得消費者喜愛。另一方面，更在網路上打起宣傳戰，Uber網路訴求主軸：「沒有人應該輸」（所以部的主場才會回：「沒有人會輸」），讓小黃司機們，只能用傳統方法抗議，例如圍堵行政院、上街頭抗議政府等手段，表達對這種新形態服務衝擊生計的不滿。

產業的不公平競爭
交通部無法坐視不管Uber

實質上，交通部不得不處理Uber爭議的主要原因，在於Uber進入台灣市場，不論與白牌車或是租賃車合作，都是提供類似計程車的服務，卻出現了規避「納稅、納保、納管」的問題，顯然不在於法可行，甚至有違法疑慮的範圍內。而且，一樣的營業模式，卻未遵守相同的法規，導致計程車產業失序，從政府保障消費者的立場而論，Uber若長期無限制成長，將宰制駕駛以及消費者的選擇，是否符合公共利益，也仍有許多疑慮，這些不合理狀況，都需要政府面對及管理。

交通部另一個不能放下的，還包括眾多計程車駕駛，不僅需要取得執業登記證、每個月必繳交靠行費、車隊會費，每一趟所賺的錢，都是辛苦錢。營運上也須取得計程車牌，總量受到限制，還必須依照規定跳錶收費，並符合計程車客運業的各項規範。Uber不僅低價搶市，營運車輛也無限量增加，不僅市場高度重疊，計程車客源被明顯拉走，也讓計程車駕駛的生活更加艱難。

政府曾在2017年2月，以Uber招募自用車進行計程車業務，明顯違法爲由，對Uber開罰金額總計超過11億，迫使Uber宣布停止台灣載客服務。沒想到，短短兩個月後，Uber又宣告復活了！

這次復活，Uber改與小客車租賃業者合作，將自用車掛在租賃公司下，恢復原本叫車服務。以租賃車輛來行使即時派車業務，雖然沒有違反禁止自用車營業的規定，但當然還是踩到了原本計程車業者的線。屬於特許行業的計程車業者，以各種方式抗議，認爲Uber此舉是鑽漏洞搶人飯碗，靠著低價競爭整碗端去，依法接受監管及納稅的計程車業者與駕駛，絕對有理由生氣。

林佳龍在接任交通部長之際，一開始盤點可能面對的難題，就發現Uber問題已經耽擱了好一段日子，還沒有找到最好的解決方案。

交通部有意透過修正「運管規則103-1」（簡稱103-1條款）納管Uber，但當時社會普遍的討論，都陷入只能在計程車與Uber當中二選一「零和」思考的陷阱中。不過這個議題涉及計程車團體、租賃車行團體、計程車與Uber駕駛，還有國內具有相當營運規模的計程車隊與Uber這個新創獨角獸企業，要處理這個議題，必須要從各種不同勢力中求取平衡，每一個步驟與決策，都沒有失誤的空間。

由於各方的利益彼此衝突，卻又彼此牽制、合作，若以數學來比喻，就是解開「動態聯立方程式」，尋找到各方都能接受的解答，需要花費不少時間折衷、溝通，必須分階段把不變的政策目標定下來，再分步驟協調，促使各方都能讓步、妥協，把變數變成常數，引導大家走向交通部的政策目標。

林佳龍的看法認爲，「共享經濟」與數位「創新服務」，是未來的消費趨勢，爲了消費者最大權益，在觀念上應該支持，因此不預設立場禁止。但Uber從最初的共乘，「變形」發展成爲一套新的創新產業，雖然是租賃車、卻經營計程車業務，成爲不公平的競爭基礎，「不能被這些名詞（共享經濟）迷惑，但也不能否定進步趨勢，更不該因爲Uber議題，而造成社會意見對立。」

在拆解這道難題時，林佳龍曾公開對外表明：Uber若想在台灣經營交通運輸，就必須守法納管；政府規範不足，就應該修改；計程車失去競爭力，就必須改善，這才是民主社會常態，而非零和賽局。

預告103-1條款
引爆各方角力拉鋸戰

交通部原本打算先從法規面來拆解難題，也衡量可能面臨的衝擊。經過一番討論，終於在2019年2月底，預告汽車運輸業管理規則第103條之1修正案，明確規範小客車租賃業載客條件：

* 應以日租或時租方式計價，起租至少一小時，
  並且不得以優惠或折扣規避。
* 租賃小客車不得外駛巡迴、排班。

也就是說，Uber與租賃業合作，就只能以租賃車方式載客，不得從事計程車營運行為。

不過在預告之後，換成Uber抗議了。

Uber業者認為，他們當初為了「納稅、納保、納管」，已經和租賃車業者合作，並協助輔導司機取得職業駕照及合法營業用車，自認已經

合法。交通部修改後的條款，擺明是針對Uber而來。目前台灣Uber擁有近1萬名代僱駕駛，這麼多的駕駛，勢必無法在短時間內馬上轉行改開計程車，意味著許多人將失業。此外，目前綁定信用卡的Uber用戶有300萬人，這麼龐大的消費族群，未來叫車將會花費更多金錢、等待更長時間，使用率必定大幅減低，最後Uber只好選擇退出市場，無疑對交通部產生龐大的改革壓力。

作爲美國知名新創產業之一，若Uber退出台灣市場，影響非同小可，就連美國政府，甚至也透過AIT（美國在台協會）來函關切，Uber駕駛自救會、租賃車行則在4月份時，號召萬人上凱道，希望透過支持的消費者與駕駛施壓，陳情撤銷Uber條款。

當時Uber在台灣經營6年，已在台壯大，「這時候若要在Uber與計程車之間做選擇，已經回不去了。」這個議題，背後蘊含著國內外各方勢力的競爭，也是各種壓力的集結，甚至因爲在選舉年，各種與選票相關的政策，都有一定程度的敏感成分在其中，必須審慎因應。

事實上，這並非交通部修改條款的原意。因爲若趕走了Uber，並不會提升計程車的服務品質，消費者的選擇反而變少。而是在Uber條款架構下，輔導Uber代僱駕駛與租賃車業，轉入多元化計程車業，讓雙方都遵守相同規範，才能讓產業能夠公平且良性的競爭。

至於輿論的風向，有的支持Uber產業創新，認爲政府作法過時，或者認爲消費者權益至上；但也有的看法認爲，產業創新必須與傳統作法磨合，更不能以產業創新的理由，來規避法律責任，因此不能偏袒Uber。至於政府，可以選擇修改法規、或者採強硬態度禁止產業逾越法律，但這就牽涉到主管機關的態度。其實，就連交通部內部在研議解決方案時，一度也是意見分歧，分爲「擁Uber派」和「支持小黃派」。

有次，幕僚們又爲了這個議題爭論不休，部長林佳龍突然丟了一句：**「你們有沒有爲消費者想過？一定要非A即B你死我活，讓乘客只有一種選擇嗎？」**

三角形理論
林佳龍破除二分法迷思

他在會議上畫了一個正三角形，上面頂端寫著消費者，下面兩個角，各自寫著計程車與Uber。「這不是拳擊擂台賽，把對方打倒就算勝利，」林佳龍說，「你們的思維高度要拉高，要想到的是，如何才是對消費者最有利的，有沒有辦法，讓兩方能各自發揮所長，共同爲消費者服務？」

部長這番話有如當頭棒喝，會議室裡突然安靜了好幾秒鐘。

「雖然每次他一講話，就代表我們接下來又會忙得半死，」秘書陳文信說，「但不得不佩服，部長總是能夠跳出二分法的思考模式，一直逼迫我們去思考，還有沒有其他不同的方法解決。」

林佳龍解決危機的密技：三角形思考法！

【情境1】當問題中的角色只考慮解決計程車與Uber之爭，兩方可能對撞，兩敗俱傷。

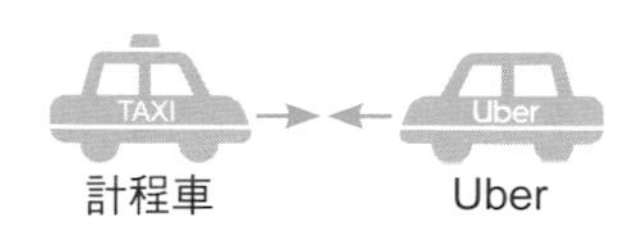

【情境2】當問題中納入乘客爲先的思考，計程車業者與Uber會朝向對消費者更有利的方向思考，也願意做出改變，而非互相對撞，彼此謀求更多利益及生存發展的「共好」，三方關係取平衡，也就是處理危機時的「平衡感」。

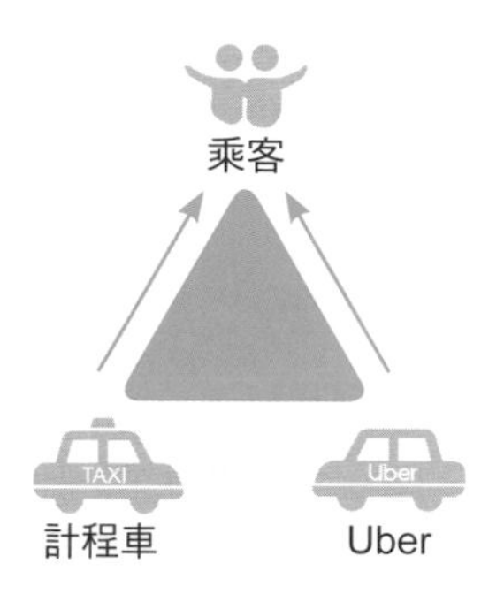

「人車合法」大家一起贏 化解難題創新例

由於過去在國安會工作，以及長期公共政策規劃的專業累積，林佳龍自認是解「聯立方程式」的高手，這題目當然有解，但並非只有社會及媒體輿論所看到的「小黃 vs. Uber」這麼簡單。套句俗話來說，就是「背後有多股勢力在周旋、角力」，他也以部長的高度先訂下規矩，在多次的溝通當中，呼籲任何一方，若是有人自私地想要圖利方便自己，是永遠不會有結果的，他是以「共好」的目標，思考如何整合出一個可接受的方案出來。

因此，交通部先與Uber業者會談，確認Uber本身意願，是將在台營運，定位爲資訊平台系統，接下來的問題就是：「那麼爲什麼不和計程車業合作，讓Uber協助提供資訊平台技術，讓計程車隊來負責駕駛派遣？」

交通部幕僚團隊經過多次密集拜會、討論，一方面就計費費率、付款金流、稅務、計程車牌照取得、App介面、計程車執業考試、車貸融資、保險、計程車跨區領牌、修法開放租賃車業者靠行計程車等各項議題，針對Uber如何轉型合法進行研議；另一方面，也與計程車業者協調改善，並透過優化多元化計程車服務、補助車輛汰舊換新、培訓數位人才等措施，增加計程車業競爭力。

另一方面，林佳龍部長率領交通部，不僅著眼梳理計程車與Uber的產業競爭秩序，同時化危機爲轉機，在保障駕駛權益的架構下，推動計程車的數位轉型，給消費者更多元的選擇，落實乘客至上等政策目標。統計至2020年3月初，台灣的多元化計程車數量，已經從Uber在2019年初納管前的2,000多輛、占計程車總量不到3%，隨著UBER的納管後以及各大計程車車隊的投入，多元化計程車迅速增加到9,200多輛、占計程車總量超過1成。事後證明，這樣的轉變，爲台灣的計程車行業帶來「數位轉型」的契機。

簡單歸納來說，就是交通部一方面輔導Uber轉型爲多元化計程車，讓人車合法化。另一方面提升老舊計程車的服務水準，補助計程車進行汰舊換新，並協助計程車駕駛轉型成爲職人，達到「Uber計程車化、計程車數位化」。

因此林佳龍拆解這次危機的成功關鍵就是在「人」的處理，包括計程車駕駛、業者、Uber與租賃車業者相關人之間，交通部要如何借力使力，在競爭關係中又願意合作，還一併將既有法規限制藉此機會鬆綁，達成各方合作，順利解決問題。

從政策管理的角度而論，「Uber合法化與計程車優化」的政策選擇考驗，從早期計程車特許寡占市場的絕對局勢，遭逢Uber後起之秀，在全世界挾帶科技與便利的挑戰，政府自然無法在法律規範上失守，讓違法的

Uber有機可乘，但也無法獨厚一方，導致「順了姑意逆了嫂意」，或者讓消費者抱怨，而對主管機關有所誤解。

林佳龍採取簡單易懂的三角型理論，不僅是破除二分法迷思，也是在共好的邏輯上，找出讓各方在「雖不滿意、但能接受」，且能相互提升的作法，化解可能爆發雙方輪流上街頭抗議的危機，並且固守交通部主管機關的監理原則、興利創新。

這樣的想法固然是正確的方向，然而在與業界各方溝通的過程，林佳龍形容簡直是「刀光劍影幾十回合」，經過大家激烈辯論與修正調整後，才逐漸取得結論。

放眼國外，面對像Uber這樣的新創公司，對傳統交通運輸產業的衝擊相當顯著，大部分國家仍然單純全面開放或禁止作為考量，少有像台灣能協調修訂出「政府納管、雙方共和」的創新局面。交通部採取兼併包容的多元化思考，不僅破解僵局，走出一條全新的道路，就連原本一直與政府對立的Uber業者，也從原本的反對轉為支持，或許又讓台灣的治理經驗，在全球留下一個特別的紀錄。

如今，在台灣的大街小巷中，可以看到計程車與Uber等多元計程車並行。計程車小黃開始有些好的轉變，有些車隊甚至也開始多元化經營，提升服務品質；而搭乘Uber，依然舒適便利又合法納管。對消費者而言，搭車選擇不僅更多、也更加放心。

在那個林部長腦海中的三角型理論，已經活生生在咱們的生活中出現了。

附註

交通部針對多元計程車採行各種配套措施

車合法

1 開放計程車跨區領牌

據公總統計，全國計程車共有16,551張空車車牌，但雙北地區計程車牌照數量供過於求，其他地區（桃園市、台中市、新竹縣市等）卻不敷使用，各縣市每人享有計程車服務的數量不均。在計程車全國總量不變的原則下，開放計程車牌跨區行政過戶，可以均衡計程車產業發展，不僅能消化雙北空車牌過剩問題，也能抑制其他縣市計程車空車額不足，導致牌價哄抬的情形，讓Uber得以順利轉型。

2 輔導租賃車業轉型、建置租賃車數位化平台

交通部修正汽車運輸業管理規則第91條之4，以開放租賃車業者得以法人靠行計程車行的過渡性措施。同時透過交通部運研所與資策會協助建置數位化平台，優化租賃車市場經營環境，鼓勵小客車租賃業朝向觀光旅遊市場發展，提升租賃車服務品質，以消化過多車輛，維護產業競爭秩序並落實分業管理。

3 開放保險及車輛型式放寬

政府應協助Uber在轉型過程中，車輛可以順利取得計程車合法資格。

人合法

1 增開計程車執業登記證考試場次

2 延長緩衝期

商請內政部警政署協調各地警察機關，大力配合增加計程車駕駛人執業登記證考試場次。同時有條件延長緩衝輔導期，讓租賃車業有轉型或退場時間，Uber駕駛也有時間轉考計程車執業登記證。

平台合法

1 預告車資與平台納管

修正汽車運輸業管理規則等相關規定，優化原有多元化計程車服務型態，同時也將資訊平台納入管理，除了開放不同車種及跨區領牌，多元化計程車在不低於計程車核定運價原則下（保障駕駛薪資），可以免除計費表、可事前預告明確車資、並且將乘車資訊透明化，與傳統排班、路攔計程車按表收費區隔開來，提供消費者更多不同的付費選擇。

讓UBER駕駛有路可走！
提供緩衝期間：
給欲考取執業登記證的Uber駕駛多點時間
法規擁抱創新：
新增預告車資、車牌跨區登記
交通部長林佳龍

多元計程車方案
披荊斬棘上路！
請乘客支持並包涵體諒
Uber

上路後的103-1條款，對大家有什麼好處？

受益對象	好處
消費者	傳統計程車與多元化計程車並行，消費者可依照個人不同需求叫車。在「多元化計程車」彈性費率配套機制裡，新增明確的「預告車資」，消費者搭車前就可透過App知道車資、路程，不必擔心駕駛繞路多算錢，權益獲得保障。而各車隊在相互競爭下，消費者乘車時更能享受較佳的服務品質。
計程車隊	未來車隊可以同時經營傳統計程車，也可以與Uber合作，使用其資訊平台經營多元化計程車，透過提供更多元的服務，滿足不同需求的消費者，車隊經營將更有彈性。
計程車行	現有計程車行，將可轉售車行給原本與Uber合作的租賃車業，此外開放接受車牌跨區過戶，可以消化過剩的空車車牌，同時吸納Uber駕駛靠行，亦可增加每個月靠行費收入。
計程車駕駛	交通部推出計程車汰舊換新補助擴大辦理，同時推動計程車駕駛關懷據點計畫，協助運將解決問題、釋放壓力，並透過與工會協力，設計培訓計畫，減少計程車司機的數位落差，傳統計程車司機可藉此機會，升級軟硬體服務品質，打造出駕駛職人的專業形象。
Uber平台	雖然與計程車合作需承擔一定的轉型成本，卻能解決近年衍生的適法與定位爭議，得以留在台灣市場合法永續經營。
Uber駕駛	政府加開考試場次，協助Uber駕駛取得計程車執業資格，轉入多元化計程車駕駛，未來不必擔心適法性問題造成可能失業的恐慌。此外，規定預告車資不得低於計程車資，亦能保證駕駛收入。
租賃業者	開放租賃業者以法人名義靠行計程車行之過渡性措施，租賃車駕駛人之車貸，也可以原利率平轉至多元化計程車，藉此機會順利轉型，增加經營面向。 交通部運研所與資策會合作開發「租賃車數位平台」，優化租賃車服務品質與開發觀光潛力市場，落實與計程車之分業管理與維護競爭秩序。

Uber爭議始末

第一階段：Uber招募自家車載客

2013.04	Uber進入台灣市場，招募自用車載客營運。
2014.07	計程車司機集結交通部前，抗議Uber違法載客。
2014.12	交通部認定Uber違反《公路法》，開罰Uber。
2017.01	立法委員提案通過修正《公路法第78-1條》以加重處罰，招募自用車載客營運，罰鍰由原來的9,000元至9萬元，提高為10萬元至2,500萬元。
2017.02.09	Uber累計罰款超過新台幣11億，宣布2月10日起歇業。
2017.02.10	許多Uber司機上街頭表達訴求。

第二階段：Uber與租賃車業者合作

2017.04.13	Uber宣布與小客車租賃業合作，重返市場。
2018.03.30	公路總局修正《小客車租賃業違反汽車運輸業管理規則事件統一裁量基準》，按次處以罰鍰，違規最重廢止汽車運輸業營業執照，及吊銷其全部營業車輛牌照。
2018.05	計程車業者上街抗議Uber違法經營。
2018.08	計程車業者反映，抗議小客車租賃業附駕服務（Uber）侵害其業務。
2018.10-2018.11	交通部與計程車產業代表密集座談，達成回歸分業營運之共識。 此外，交通部亦邀集小客車租賃業，研商增訂專款管制座談會，惟與Uber合作之業者，仍反對專款限制。
2018.11.15	公路總局擬訂專款，規定租賃業車程需高於1小時以上，引發小客車租賃業者至交通部陳情抗議，對新增專款內容表達反對立場。
2019.01.03	公路總局再次邀集小客車租賃業者，檢討汽車運輸業管理規則增列專款事宜，業者表示，應先推動「小客車租賃業多元化方案」後再討論修正法規

第三階段：103-1條款修正

2019.02.21	交通部預告修正《汽車運輸業管理規則第103條之1》（簡稱103-1條款），明確規範「小客車租賃業與資訊平台業者合作提供附駕載客服務者」。
2019.02.23	總統邀請計程車業者茶敘，全力協助提升產業競爭力以及乘客服務品質。
2019.03-2019.04	公路總局召開103-1條款預告期間，南、中、東、北區4場座談會，以廣納收集各界意見。
2019.04.09	Uber亞太地區資深公共政策總監Ann Lavin率員拜會交通部，Uber建議103-1部分條文內容應刪除或修正。
2019.04.19	美國政府透過AIT（美國在台協會）來函關切。
2019.04.21	Uber司機與支持者上凱道抗議103-1條款。交通部重申希望Uber在台成立計程車客運服務業，落地納管。
2019.04.26	103-1條款修正預告期滿，有計程車司機集結要求政府落實該草案。
2019.06.06	第一次修正發布103-1條款。
2019.07-2019.09	交通部與各單位協商，就金流、稅收、計費費率、計程車執業考證、車貸、App介面等議題討論。
2019.09.11	交通部預告再度修正103-1草案，並有條件給予一定期間之輔導期，使小客車租賃業駕駛人，較有充裕時間轉職於計程車。
2019.09.12	全民計程車司機聯誼會總會至行政院周邊抗議，對103-1條款暫緩執法，以及交通部倉促開放用App計費，表達不滿。
2019.09.27	交通部預告修正《汽車運輸業管理規則第91條之4》，開放租賃車業者得以法人靠行計程車行。
2019.10.01	交通部發布《修正汽車運輸業管理規則》等相關規定，使多元化計程車可採App預告車資、開放三門車及跨區領牌。Uber公司對外發表聲明「新營運模式與台灣同行」，決定新增多元化計程車模式，輔導旗下司機取得執業登記和牌照。
2019.10.04	再次發布修正103-1條款，有條件給予一定期間之輔導期。
2019.10.23	交通部發布修正《汽車運輸業管理規則第91條之4》，開放租賃車業者得以法人靠行計程車行，並以103-1輔導清冊車輛為限。
2019.11.06	交通部公告輔導期間至11月30日止，12月1日起正式執行。

▍計程車街頭陳情抗議

▍租賃車陳情抗議

華航罷工 vs. 長榮罷工

罷工中的談判與解圍關鍵

抗爭山雨欲來
提早佈局嚴陣以待

2019年2月8日，大年初四清早，往年在春節假期都是非常忙碌的桃園機場，這一天氣氛相當微妙，因爲華航機師工會凌晨宣布開始罷工，許多媒體一早湧入機場，關注這場工會大動作會發生什麼事？排好要出國的旅客能否順利成行，機場瀰漫焦急不安的觀望、搭乘華航班機的旅客忙著詢問。

對交通部而言，華航機師罷工的狀況雖然早有掌握，但這是1月14日甫上任交通部長的林佳龍，第一場震撼教育，面對運輸業最忙碌的時期，出現這個重大危機事件，部內相關人員放下春節休假，開始跟著林佳龍設法解除這道難題。

危機因應的發動點，從1月30日一場會議開始，交通部當時研判，華航機師工會將在2月1日臨時代表大會上，決議重啓罷工的可能性非常大，因此林部長決定請次長與相關單位，立刻提早組建部內應變小組，同時建立交通部與勞動部、桃園市勞動局等單位的熱連線，掌握任何可能罷工的相關訊息，在面對管理危機佈局上，先建構成資訊協調的任務框架。

華航機師在春節期間罷工的因素，也許錯綜複雜，但華航與工會之間氣氛一直處於緊繃，始終未能妥善化解，加上華航與工會之間，已有超過30件的不當勞動行爲裁決、行政及民刑事訴訟案。這些官司可能沒有辦法把勞資之間的問題徹底釐清，也因爲華航在勞動案件敗訴後，再提行政訴訟，或採取一再上訴的策略，導致華航勞資關係難以緩和。

▍華航櫃台示意圖（非事件期間）

兩年多來談判未果
醞釀罷工的遠因近由

工會與華航的恩怨，時間必須回到2016年，華航空服員罷工事件及531大遊行。華航背負著國家航空的稱號，及不斷增加的國家飛航任務，始終存有人力短缺、超時工作、紅眼航班、及年終獎金過低等勞動條件低落的問題，再加上華航子公司的勞資關係極不穩定、解雇工會幹部、派遣外包人力與普遍性低薪等等因素，勞資關係問題猶如一顆不定時炸彈。

2016年5月，因華航要求員工簽署責任制契約、6月起更改員工報到地點，以及累積已久的機師休假等原因，雙方又爆發勞資爭議，桃園市空服員職業工會宣布，所屬中華航空的空服員自6月24日凌晨時罷工，不再供

華航勞資事件紀錄

時間	事件問題	工會行動 vs 華航公司
2016.05	華航要求員工簽署責任制契約 更改員工報到地點	桃園機師工會與其他工會聯合擬發動抗爭
2016.06.20	空服員率先抗爭	2535名空服員通過罷工投票
2016.06.24	華航空服員罷工 總統出訪友邦國家旅途中，表態支持勞工	桃園市空服員職業工會發動凌晨罷工
2016.06.27	罷工結束	華航董事長何煖軒全盤接受工會要求
2016.10.14	工會不滿資方拒絕溝通	400名工會會員在華航台北分公司前抗議
2017.10	機師工會指稱懲處幹部不當	勞資爭議再起
2017.12	機師工會再度不滿抗議	華航人評會建議對工會幹部解職或調職
2018.08.07	機師工會發動罷工	工會投票率84.9%，1,187名機師會員贊成罷工（贊成比率97.9%）
2018.08.10 08.19 08.22 08.30	勞資三度協商 暫緩罷工一年	協商取得進展，凍結罷工權一年，暫緩罷工，資方應在期限內完成協商
2019.01.08	外籍機師疑似過勞致死 工會要求協商	工會要求調整長程航班勞動條件，華航在協商中堅不讓步
2019.02.01	機師工會臨時代表大會	機師工會重啟華航機師罷工
2019.02.08	機師工會宣布罷工	工會機師會員繳回檢定證，開始罷工
2019.02.14	機師工會宣布結束罷工	勞資達成協商

應勞務。是時正值蔡總統上任後出訪友邦國家，總統對機組人員喊話「若非忍無可忍，不會罷工」、「這條路上會與各位一起度過」、「不會讓你們感到孤單」。總統的表態及社會氛圍支持空服員，讓甫上任的華航董事長何煖軒全盤接受工會的要求，短短3天內結束罷工。然而，當時快速落

幕的罷工行動，並未解決眞正問題，工會事後發現感覺被騙，華航又以破壞勞資關係爲名，懲處工會幹部，勞資雙方似已結怨更深。

2017年12月，華航人評會以華航企業工會幹部3人參與同年6月23日「交通運輸業工時大體檢」活動時，言行「破壞勞資關係」爲由，建議應予以解職或調職，此舉引發工會的抗議，華航則反擊機師工會，批評工會支持喝酒遭解僱的機師。隨著華航機師勞資爭議不斷與擴大，機師持續不滿過勞，機師工會多次醞釀罷工。

2018年8月7日，桃園市機師職業工會舉行罷工投票，通過分屬長榮航空及中華航空的機師均取得合法罷工權，機師工會訂在8月下旬前，若資方未能協商，便在8月20日宣布罷工期程。之後雙方均與資方進行三次協商，8月30日，機師工會宣布勞資雙方達成核心訴求的初步共識，1年內暫緩華航、長榮機師罷工，並在同時間內完成協商。

然而，2019年1月8日的外籍機師疑似過勞致死事件，機師工會要求，長程航班應改爲4人飛行，呼籲長榮及華航都要重視機師超時航班狀況，以及改善派遣人力調度問題。由於華航在勞資協商中，片面毀約、態度並不退讓，觸動本已緊繃欲斷的勞資關係，華航勞工當然以此正當性理由，發動抗爭，機師工會乃計畫重啓罷工。於是在2月1日，機師工會在臨時代表大會上，通過重啓中華航空的機師罷工，並不排除春節行動，儼然成爲後來罷工行動壓倒駱駝的最後一根稻草。

面對山雨欲來的情勢，部內也掌握訊息，林佳龍明確提醒華航不應大意，需以「最壞劇本」來推演，長期來的勞資問題更是關鍵，應嚴正看待，而且要以飛安爲前提，考慮各種解決方式，讓勞資關係改善，作爲危機處理的核心策略軸線。

罷工箭在弦上
交通部即刻啟動應變

基於罷工決議已經通過，林佳龍研判當時情勢，應該會朝向惡化方向走，隨即請次長聯繫當時人在美國，任職華航董事長的何煖軒，希望他能盡速返台溝通處理。起初，何煖軒面對甫上任、還不甚熟悉的林佳龍及其指示並未及時回應，然而時間一分一秒過去，林佳龍面對機師工會要新部長接招的急迫情勢下，乃親自致電給與何煖軒頗爲熟悉的桃園市長鄭文燦，請他代爲聯絡何董事長。

何董事長對於這樣的工會壓力與外界質疑，則以本身經歷過華航空服員罷工事件，最終能夠落幕爲理由的輕鬆態度，希望工會繼續協商，而且還對媒體表示：「若把罷工當做提款機，之後所有人都可能用罷工要求加錢，會沒完沒了。」

何煖軒的喊話，顯然效果有限，甚至引起反效果。期間華航與工會的談判，斷斷續續推展，看似有進度，卻又沒有結論，而且華航大多僅派副總出面代表協商，與工會期待有落差，所以「春節期間可能罷工」的傳聞，已經開始在媒體報導版面上出現。

本來原定計畫在2月4日除夕當天，由林佳龍極力促成何董事長抵台主持的勞資協商會議，工會卻在前一天晚上公布，以華航發信詆毀爲由，拒絕出席。讓這個好不容易在部長林佳龍連日透過中間人，穿針引線勸說及代爲傳話，甚至直接親自電話聯繫桃園市機師工會理事長李信燕等多方溝通下，所促成的勞資對話機會，就這樣因爲一紙新聞稿而化爲泡影，令人爲之氣結。儘管後續交通部政次王國材基於職責，仍然不斷努力，希望華航與工會雙方，能繼續重回談判桌，但外界解讀，工會醞釀出終需一戰的態勢，已然成形。

林佳龍以部長權責出面，呼籲華航好好面對及重啓勞資對話，甚至跟何董事長及謝世謙總經理嚴正以告，「罷工如果沒有處理好，將考慮換人做做看」，同時提出「以旅客的權益及飛安爲優先考量」的原則，試圖鋪下雙方協商時，可考慮的共同基礎，但也注意到公司內部某些意見，似乎對工會仍然抱持強硬態度，甚至有藉機消滅工會的想法，可能會增加對話的難度。

林佳龍一番善意發聲後，試圖取得工會的信任，但勞資關係在公司態度之下，仍舊擺盪不已。機師工會反而因華航持續未釋出善意回應，更加拉高抗爭格局，勞方不再信任公司，對外表示只有交通部出面主持時，才願意出席協商，使得原本規劃中，回歸勞資協商機制，也就是「華航資方vs.機師工會」的協商框架，無法成型。

時機推動了決策點。林佳龍一向非常講究危機處理與決策時的Timing問題，於是當下就決定，「立刻接球」、並且「直球對決」，啓動已備妥方案，待工會眞的啓動罷工，讓身兼航發會董事長的政次王國材先上陣，將工會一起拉進談判桌，協助展開新一輪的協商，以便進入危機處理的主階段。

馬拉松式協商
幕後應變不停歇

罷工氣氛越來越濃厚，外界仍期望不要眞的發生。事情一直到了年初四凌晨12點02分，桃園機師職業工會正式宣布，即日起開始罷工，在桃園機場的航站大廳、松山機場與高雄小港機場，前往搭乘華航的旅客，才開始感受到華航罷工的效應，旅客的不安和訝異，也成爲媒體記者採訪的素材對象。上午消息傳開來，正在歡慶過年的社會氣氛，頓時被這首次出現的機師罷工引出些不安和議論，也蔓延在網路討論上。

交通部在機師工會宣告罷工時間的同時，部內相關主管層級官員，立刻依照原先的危機應變推演，各權責單位啓動緊急應變機制，並成立應變中心。沒有等外界過多的揣測發生，年初四當天早上9點，林部長隨即親自召開第一次應變會議，就航班調度、旅客服務、機場服務、旅遊業務、

華航罷工期間告示

▎華航旅客（資料照片）

勞資協調等議題，分組分工研商，擬妥執行計畫。林佳龍處理危機的風格，其中一項特質就是「應變動能要快，處理問題要徹底」，交通部內部同仁們，感受到新上任的林佳龍明確要求，相關人員更是全力面對，務必將罷工期間所可能的衝擊、傷害降到最低。

畢竟，在農曆春節期間罷工，影響力道絕對大過平時，這也是工會選擇最有利於爭取權益的時機點，目的就是要以最大的壓力，迫使資方高層出面解決，達成訴求。而當社會輿論和華航內部出現各種聲浪，包括贊成或反對，甚至是社會大眾勞動界的多數意見，開始浮上檯面，形成談判桌的外部壓力。但從媒體反應顯示，對於直接受影響的旅客而言，這場突襲式罷工，讓返鄉、出遊、探親、商務活動等各種行程帶來困擾，有人受到不便而心生反感，也有旁觀者無奈卻也願意支持，似乎已經不再有過去全民全力支持空服員罷工的社會氛圍。

無論在媒體版面與網路聲量上，消息一出，各種意見快速湧現，交通部一方面關注輿情，另一方面督導管理華航。在罷工開始的第一天，即有約320名華航機師繳交檢定證、並加入罷工，人數約爲工會會員的三分之一（華航有1,300名機師，其中外籍機師約130名，而本國籍機師加入職業工會約有900多人），這股不小的意見，對資方而言，恐承受相當的壓力。

華航高層雖試圖化解僵局，顯然並未在第一天內奏效。交通部應變小組在內部持續密集展開各種推演，分別從釐清勞資問題爭點，計算各種談判條件的可能性，另一方面要求華航透過派遣調度，將抗爭罷工的衝擊降到最低。華航除了設法調度人力與調整航班計畫，降低對旅客權益的影響，並緊急在官網成立「機師工會罷工說明專區」，公布班機取消資訊。自2月8日至11日，包括飛往上海、北京、東京、洛杉磯等班次取消，合計至少超過20班，華航試著將旅客簽轉、延後或更改起飛時間，維持運能，但這些作爲，並未能緩解工會的怒火，反而引發公司內部對應否罷工的兩極意見，甚至公司同仁之間，開始互相產生質疑和情緒意見。

罷工進入第二天，交通部轉達華航對於訴求有善意回應，因此工會願再相信交通部一次，希望看見資方端出善意。是日下午，交通部邀集勞資雙方進舉行第一次勞資協商座談，各界眾所矚目，但談的結果並不順利，顯然僅是停留在勞資互相質疑，以及摸索談判底線的初階，工會沒有達到五大訴求目的，不可能快速收場，交通部也意識到，這可能是一場耗時的對話，但實際上，實在無法任由時間拖延太長。而華航此時，更是提出片面終止與罷工機師的僱用關係，雙方因而爭執不下。

最後，協商座談在交通部見證下，建立第一道共識基礎，同時部長林佳龍指示交通部同仁，直接發布訊息，指出罷工機師與華航之間的僱用關係持續存續，僅於罷工期間暫停薪資、外站住宿、交通費等福利相關給付，讓場外靜坐的勞工可以同步接收第一手訊息。此時，工會獲得員工與華航雇傭關係持續的保證，協商才有辦法繼續推展。

不過，協商談判進入實質討論項目之後，也立刻卡關。工會原訴求爲執勤時間（FDP，含報到和報離等準備工作時間）8小時3人派遣、12小時4人派遣，但華航僅同意飛航時間（FT，單純飛行時間）12小時以上4人派遣，但3人派遣原則應以8小時的FT還是FDP爲準，雙方可說立場及標準毫無交集，歷經6小時討論後觸礁，外界形容，工會就是要讓資方體驗一下「疲勞航班」的感受。

勞資仍舊互不退讓
談判陷入膠著

罷工進入第三天，華航地勤主管以地勤人員之名出面，抗議罷工，再度引發爭議，交通部積極協調，希望勞資雙方儘快再坐下來談。終於在第四天，2月11日下午5點進行第二次勞資協商座談。工會持續提出「改善疲勞航班」、「升訓制度透明化」、「保障本國機師工作權」、「禁止對工會會員打壓、撤換不稱職主管」及「比照長榮保證第13月薪資領全薪」五大訴求。時至此日，總計有622位機師加入罷工行列，也是工會動員行動的最高峰，支持與反對罷工的機師代表，還有聲援者，從座談開始起，就在台北市仁愛路交通部大樓外靜坐，時而在交通部拉起的封鎖線分隔兩邊，互相叫陣，雙方氣氛依舊緊張。

出於「疲勞航班」是此次機師工會罷工的首要訴求，工會從執勤期間（FDP）8小時3人派遣、12小時4人派遣，在11日退讓至飛行時間（FT）

8小時3人派遣、12小時4人派遣，不過若超過一個航段7小時，就得安排3人派遣的要求。就此，華航同意前2項，對於第3項「超過一個航段7小時就得3人派遣」仍表示無法接受，考量原因是，這樣安排一年就要多增加900多人次，一年要增加90個機師，華航無法負擔這樣的衝擊。交通部政次王國材強調，本來折衷提出針對紅眼航班放寬成7小時3人派遣，但很遺憾協商結果並不如人意，建議雙方回去試算後，儘速回來進行第3次協商。

在為時近5小時的溝通談判，因雙方仍舊互不信任，各項勞工訴求持續卡關，勞資互不退讓的情況下，案情膠著不前，也陷入接下來該怎麼繼續談的複雜氣氛及壓力。罷工90小時過去，外界仍難以理解爭議焦點，媒體開始訪談機師工會多位機師及其他航空公司機師，也試圖拼湊起雙方各說各話的內容，並整理國內外機師權益保障比較表。

林佳龍生日當天
深夜收看「紅眼協商」直播

由於勞資雙方持續隔空喊話叫囂，甚至各自提出協商現場線上直播，以試探對方是否膽敢接招，但自己又不輕易對外承諾。在這個勞資協商回到原點的僵局上，部長林佳龍陷入深思，是否真要借力使力，讓勞資協商現場對外直播？這是史上第一次勞資協商透過直播全程公開，影響程度無法經驗分析，只能正反好壞逐步推演。

接著，機師工會為了讓華航資方深刻體會紅眼航班的辛勞，乃在12日傍晚向交通部提出邀約第三次勞資協商座談，時間非常特殊，選在2月

13日凌晨1點開始，用疲勞時段來討論疲勞航班。至此，勞資關係降到冰點，協商議題各說各話已走進死胡同，爲了再次聚焦談判並創造協商機會，林佳龍義無反顧，即刻同意深夜紅眼協商，同時也爲了讓關注罷工案的旅客及社會掌握完整資訊，決定開放媒體直播。交通部同仁獲得指示後，立即趕在幾個小時之內備妥場地及設備，戰戰兢兢，絲毫不敢懈怠，內心思忖希望這個世紀性勞資深夜協商直播，能夠順利進行。

2月13日午夜，林佳龍持續留在部內掌握協商進度，凌晨1點開始直播，更透過幕僚所準備的手機軟體，全程將現場狀況傳回部長室，直盯著直播進度，跟著紅眼到天亮。這一天，正巧也是林佳龍的生日。

運用媒體直播納入第三方，改變了過去只有勞資雙方協商的賽局模式，而這樣的重大決定，也讓各界都睜大眼睛，想看看協商程序的戲劇性轉變，將會導致什麼樣的談判結果。因爲，這樣的直播，則勞資雙方的對話，甚至是交通部及勞動部官員的言論，都將攤在外界監督的眼光底下。談判會有什麼結果，每個人都要爲自己言行負責，這必然會增加謹言慎行的壓力，也儼然形成一股牽制勞資雙方穩定堅決的力量。

對於疲勞航班的談判，涉及機師是否工作疲勞，以及華航營運人事成本的增加，由於雙方各自面臨會員及股東的極大壓力，幾度無法對焦，甚至壞臉相看，還發生過機師工會幹部一度表示，在場媒體是漏夜來看好戲的，惹得大家面面相覷，不知從而說起的中間插曲。甚至傳出工會接到內部人士的電話，也一度揚言要中止談判，擇日再說。

在歷經6個小時協商之後，雙方終於在「改善疲勞航班」的原則上達成共識，工會確定不再以執勤時間（FDP）計算，而同意飛航時間（FT）8小時以上原則由3人派遣、12小時4人派遣（第一次協商時即有共識）。

此外，工會具體提出10條「高工時低飛時（未達8小時）」的航線，希望華航改3人派遣，在多次折衝及休息之後，交通部的幕僚力勸總經理謝世謙，親自與工會代表在最後休息的小房間內好好聊一聊，謝總經理動之以情，大家都是華航大家庭的一份子，情感深厚，公司會好好照顧一起打拼的員工等語，終於感動在場的機師，甚至有機師當場落淚。這樣的同理心，讓勞資雙方互有退讓，華航最後同意了其中的5條航線，將增加派遣人力或提供過夜。其餘工會提出的保障本國機師工作權等訴求，因協商已近11個小時，經雙方同意後隔日再進行協商。

訴求飛安開創新局
機師回歸談判轉折

由於談判過程，幾乎都由王國材政次擔綱主持，外界一度誤以爲部長林佳龍「神隱」，其實在這段期間，他不是赴行政院開會，就是留在交通部辦公室裡坐鎮，除了在多次的會前會明確提出目標「以飛安爲重」，作爲最上位指導原則；其次，也須穩住機場秩序，儘速處理旅客抱怨；第三則是保護第三者旅客的權益，也技巧性地讓機師工會了解主力訴求的重點，應緊扣在飛安之上，社會輿論才會支持，間接才能給資方改善的壓力。

再者，透過內部在第一時間掌控各種狀況，經由各方管道研判訊息，策略上同步提供意見，讓在協商前線現場的王國材政次，可以隨時備案因應，以公正公平的方式，逐步引導勞資雙方，就議題內容依序協商，且儘量維持勞資雙方不離開談判的局面。此外，林佳龍還派出熟稔勞資關係的幕僚在協商現場，持續與機師工會搭建聯繫管道，一方面關懷勞工情緒，取得工會信任，另一方面同時討論議題可能的選擇方案。交通部幕僚偕同勞動部同仁，在中場休息期間，多次穿梭來回勞資之間斡旋，不斷地爲雙方說好話，傳遞直接可靠的訊息，讓勞資雙方能夠正確判斷，並逐漸地往中間的共識移動。

危機應變小組的目標之一，就是盡力協調出雙方都能接受的方案，把足以解決問題的關鍵核心，盡快具體浮上檯面，避免沒有明確內容、又無法實現的方案，在談判桌上擴散而導致失焦，致使雙方戰線拉長，在外界放大眼睛關注的情況下，更讓局勢生變或難以控制。由於談判需要雙方取得合意及落實於文字，也就是讓雙方能有「下桌」的理由，才能化解爭端。

就在進入罷工的第6天，華航在提升飛航安全的壓力下，拋出「同意改善疲勞航班」的回應，打開勞資僵局，接著把「高工時低飛時」的問題，理出解決路線，同時在情感招喚下，華航放大同意空間，給予一定折衷及讓步。然而除了先前調度人力及調整班表之外，公司爲了永續經營，仍堅決提出考慮收減不賺錢的航線、航班，藉此機會瘦身並進行公司改革。

此消息一出，連續兩天內，已有91位機師在當天陸續取回檢定證，到隔天更有將近300多位機師陸續取回證件。超過一半的機師離開罷工行列，加上有些承擔經濟生活壓力的機師，也慢慢回歸派遣班表正常上班，這個情況，反轉了機師工會在談判上的主場地位。再加上農曆假期結束，航班輸運最大的壓力時間點已經過去，逼得工會也不得不顧全大局，而稍做讓步。勞資情勢一來一往，雙方勢力互有消長，這使得協商僵局初露曙光，罷工落幕幾乎即將有解。

確保機師健康權益
勞資簽訂團體協約

2月14日上午10時，順利展開第四次勞資協商座談，因相關議題涉及勞動法規，交通部乃邀請勞動部劉士豪政次加入主持人行列。勞資雙方接續對副機師升訓制度，與保障本國機師工作權這兩個部分，仍意見不一致。華航表示，4年前機師欲發動罷工要求增加休假，公司同意要求，並被迫聘僱外籍機師，現在又要求降低外籍機師比率，公司實在難為。就此，工會反指華航，對於副機師升訓制度的規範不透明，同仁無所適從。

到了下午，在長時間休息的時候，政次王國材還代表部長，送給在西洋情人節當天在場辛苦守候的媒體朋友們每人一朵玫瑰花，化解緊繃氣氛。歷經數次休息後，重開談判，對於工會提出禁止對工會會員施壓及秋後算帳、撤換破壞勞資關係的不適任主管、保障13個月全薪、並納入團體協約且限工會會員等各項訴求，開始有好的解決方向，華航最後以發放飛安獎金，取代工會的保障13個月全薪，同時以3年半內不再就同一議題進行罷工的和平義務條款，同意簽訂團體協約。另外，也技巧性地避開飛安獎金限於工會會員的難題，讓勞資雙方各有交待。

合意的書面文字在諸多折衝轉彎之後，終於在晚間22時，工會所提五大訴求完成協商，雙方在由行政院副院長陳其邁、交通部長林佳龍、勞動部長許銘春及桃園市長鄭文燦的共同見證下，由機師工會理事長李信燕及華航董事長何煖軒簽署團體協約，緊接著由機師工會宣布，2月14日22時25分停止罷工，台灣航空史上第一次，長達160小時25分鐘的機師罷工正式落幕，各界高度關注的交通運輸危機，獲得好的結局。

罷工落幕，勞資簽署協約

華航機師罷工5大訴求及協商結果

工會訴求	協商結果
改善長程疲勞超時航班情況	8小時以上航班　派遣3人 12小時以上航班　派遣4人 5班航班增派人力
副機師升訓制度透明化 保障國籍機師工作權	2年內不直接進用外籍正機師 條件相同者本國機師優先聘用
禁止對工會會員施壓及秋後算帳	依照工會法、勞資爭議處理法等相關法律辦理
撤換破壞勞資關係的不適任主管	公司同意就爭議起因，詳加研議、改善管理制度、加強與工會溝通
保障13個月全薪並納入團體協約，且限工會會員	改為飛安獎金並納入團體協約，金額另議

林佳龍在發表談話時，明顯看出他多日來努力解決危機的壓力，已轉爲緩和的情緒。林佳龍覺得很高興的是，這次罷工事件的最後，勞資達成了「情人節共識」，此時剛好是他上任滿一個月，華航罷工事件，對他而言是個震撼教育，學了相當寶貴的一課，他也送勞資雙方一句話，就是「勞資一體，善待彼此」。

隔天2月15日，剛好是立法院新會期開議，邀請行政院長蘇貞昌進行施政報告，外界原本預期，華航機師罷工如果沒有辦法妥善落幕，勢必會成爲立法院開議當天的最大焦點，更會變成在野黨磨刀霍霍的時機。然而就在開議前的幾個小時，華航罷工事件畫下句號，行政院最大的壓力頓時解除，也是林佳龍上任第一個月，順利化解政府危機的漂亮成績單。

誠懇聆聽用心處理
取得勞方談判信任

交通部事後內部重新檢視，並分析整個罷工事件處理的過程。在這次罷工事件中，交通部能夠居中協調，且獲得工會的信任，與過去採取消極處理華航勞資爭議衝突的經驗，有著非常不同的發展，其中很大的原因，也是工會事後私下告知，就是因爲部長林佳龍處理事情的誠懇及用心態度。

工會表示，「他是眞的來幫忙解決問題的」。在罷工協調過程，林佳龍親自接見機師工會代表，也數次親自致電溝通想法並傾聽工會意見，讓工會取得第一手及正確的訊息，這也是工會後來願意配合交通部的引導及協調步驟的原因，「因爲林部長就有把握的事情說到做到，不會騙人」。

也因爲這樣處理事情的態度，交通部端出明確立場，設定目標及策略，傾向於「支持解決疲勞航班問題」與「保障本國副機師升訓權」這兩項訴求，來確保機師健康權益及國人重視的飛安，加上考慮華航營運安定上，給予促成機師工會簽訂團體協約的重大進展，能讓陷入膠著的談判，有所轉圜。

部長林佳龍相當堅持，機師身負飛航班安全重責大任，也就是「飛安」、「旅安」，必須是作爲公共政策議題的前導，才會有正當性，社會大眾也才會支持，這條爭取勞動權益的罷工之路，也才走得下去。這是他身爲學運的資深前輩，所給予工會的誠懇建言。另外，當下作爲交通運輸政策的首長，必須兼顧旅客權益及機場秩序，加上華航仍是官股近半的「半國營企業」，交通部無可避免地，必須以「大股東」身分適時插手，對於超時機師疲勞，以及國籍機師升遷管道等權益，表達支持的態度，足以讓華航沒有辦法迴避，也就不再採取強硬立場，以適度平衡勞資關係。

在這樣多元不同角色的要求之下，林佳龍部長確實穩健地掌握罷工事件的進展及預作準備，同時以同理心站在機師及工會的立場，著墨解決的方法，運用真誠的行動力，並選擇在最好的時機點，牽手勞資雙方，一起解決難分難捨的勞資關係。

華航主管加薪案
險釀成工會第三次罷工

機師罷工結束後之後，外界多認爲華航應該可以平靜一段時間，至少公司還在處理罷工後續賠償補償事宜及修復勞資關係，然而事情卻未照著劇本走。

華航董總在機師罷工落幕記者會上，曾感性發言，強調對於員工權益及福利提升公司將一視同仁，罷工結束後約3個月，華航企業工會理事長劉惠宗在工會幹部及會員的要求下，開始與公司主管協商2021年3月發放的機師飛安獎金，應一視同仁，因一架飛機飛得出去，是飛機修復人員、地勤人員及空服員等共同合作，不是只有機師就能做到，並要求公司履行承諾。

同一時間，公司卻討論年初董事會通過所有主管人員加薪，並於6月確定溯及1月發放，這對基層員工及工會而言，簡直不能接受。之後雖然持續談判並獲得董事長謝世謙的支持，但協商持續拖延。華航工會經過5個月後，還是沒有實質進展，只好啓動勞資爭議解程序，並送件至桃園市政府，一方面持續協商。

10月下旬華航企業工會拜會交通部幕僚，尋求部裡支持及解決方法。幕僚認同工會這次發放飛安獎金（等同每月加薪）應一視同仁的訴求，確實與薪資待遇的公平性有關，在法理上有正當性，因而透過內部管道報告林佳龍部長及王國材政次，林佳龍立刻指示必須協調處理，然而公司主管人員仍不放棄談條件交換，多數的工會幹部，皆受不了公司的拖延戰術。12月下旬，劉惠宗理事長感受到企業工會內部壓力，決定再次申請勞資爭議調解，並安排召開華航企業工會臨時代表大會，預備進行罷工投票之提案。

看起來，一場新的罷工風暴，似乎正在快速醞釀中，尤其又接近新年假期，恐怕又是發動罷工的最佳時機。劉理事長十萬火急請求交通部幕僚協助，最後在2020年1月1日，勞資達成協議，華航同意發放機師以外人員，1年共3萬元之準飛安獎金，並簽署協議書，工會撤回調解，結束這一場外界所不知道的危機。

華航企業工會劉理事長事後透露，因爲當時情況雖然和機師工會的案例不同，可是工會相信林部長會公平合理地支持，加上林部長的幕僚提供很好的意見，不斷給予支持，這也是他可以一直撐下去溝通協商的原因。

可靠的信任與有效溝通，提前布局行動，林佳龍與交通部團隊再度化解危機，而且這次是在問題尚未擴大之前提早解除，緊繃壓力頓時消散。

雖然避免第三次罷工的發生，但因爲緊接而來的武漢肺炎疫情，快速衝擊全世界，航空產業進入嚴峻的時刻，使得華航又面臨重大考驗。華航工會從前一年與公司對立的型態，轉而願意繼續與資方一起面對難關，包括配合減薪與工作時間調整。林佳龍也多次前往機場，特別向華航基層員工打氣，對於在此非常時期，「勞資一體、善待彼此」的態度及做法，希望給予最大的支持。

華航機師罷工協商大事記與時間序

日期時間	華航（工會／公司）	交通部
2018.12	工會醞釀罷工期程	掌握訊息，預作規劃
2019.01.30	工會準備發動春節罷工	林佳龍部長上任後，成立華航應變小組
2019.02.04（農曆除夕）	工會以公司詆毀為由，拒絕出席協商	協調勞資協商會議，何董事長未返台。
02.08（農曆初四）AM 6:00 開始罷工	工會凌晨宣布自6點起罷工，約320名華航機師繳交檢定證、加入罷工工會提出五大訴求 1. 改善長程疲勞航班 2. 升訓制度透明及保障本國機師工作權 3. 禁止對工會施壓 4. 撤換不適任主管 5. 提高第13個月全薪	林部長上午9點召開交通部應變會議，研擬對策與任務分工
02.09 PM 15:00	第一次協商，確認罷工期間僱傭關係 工會原訴求為執勤時間（FDP，含報到和報離等準備工作時間）8小時3人派遣、12小時4人派遣，華航僅同意飛航時間（FT，單純飛行時間）12小時以上4人派遣，雙方協商6小時無共識結束。	林部長指示直接發布訊息，華航機師罷工期間之雇傭關係存續 交通部研擬協商策略
02.11 PM 17:00	第二次協商共4小時 「疲勞航班」議題部分達成共識	支持與反對罷工的華航員工，於交通部外分別靜坐與抗議對峙
02.12	機師持續罷工 工會傍晚提出凌晨「疲勞時間」，進行第三次勞資協商	林部長同意開放直播，指示交通部準備場地與協商策略
02.13 AM 01:00	凌晨開放媒體旁聽與直播 國內史上首次「紅眼協商直播」，第三次協商共計11小時 華航公司拒絕協商定位為團體協約，僅同意部分高飛時調整	林部長持續坐鎮交通部 王國材政次主持協商會議 安排華航謝總經理與工會機師，於休息時間懇談對話，獲得進展

日期時間	華航（工會／公司）	交通部
02.14 AM 10:00 PM 22:25 停止罷工	進行第四次協商 工會稱至少622位機師繳出檢定證，媒體估計近300位已陸續取回檢定證 中午達成四項共識 1. 兩年內研議不直接進用外國籍正駕駛 2. 若有缺額依人力會議結論公平辦理、本國機師優先聘用 3. 升訓會議前公布各機隊缺額，機師得自行查閱個人成績 4. 評比分數相同時，升訓以本國籍機師優先、每次升訓員額不得低於外國籍 下午協商改為不公開，歷經7小時完成所有協商 機師工會宣布，晚間10時25分停止罷工，共計160小時25分鐘	交通部安排勞資再度協商協助航班調度疏運旅客 晚間由行政院副院長陳其邁、交通部長林佳龍、勞動部長許銘春、桃園市長鄭文燦和華航董事長何煖軒出席記者會。華航勞資雙方簽定團體協約，資方由華航總經理謝世謙代表，勞方由機師工會理事長李信燕代表完成簽署。

長榮空服員大罷工
二度考驗交通部

華航機師罷工事件落幕，無形中卻也帶給航空業另一個勞方團體，也就是桃園市空服員職業工會（簡稱空服員工會）更多的參考空間。交通部在時隔華航罷工結束第4天，就獲得長榮勞資協商不順利的訊息，空服員工會可能循相同模式，即勞資調解不成立後，則召開會員代表大會通過罷工投票。

2月18日，林佳龍隨即指示王國材政次，成立部內民航勞資關係諮詢小組，透過會議指示成立群組，分享勞資協調最新訊息，檢視空服員工會對長榮、華航，以及華航企業工會對華航等的勞資爭議訴求，準備好繼續面對另一場危機。

3月5日上午，桃園市政府勞動局召開長榮空服第1次勞資爭議調解會，討論航班及日支費（禁搭便車）兩項議題，工會又提出「新增勞工董事」等12項訴求，會議沒有共識而結束。雙方訂於4月9日上午，再度舉行第2次勞資爭議調解會。為了預作準備，交通部隨即再成立民航勞資關係訪視小組，積極訪視長榮企業工會、華航企業工會，以及長榮航空、中華航空，深入了解勞資雙方目前的需求及協商困境。

在這期間，長榮企業工會也主動向交通部提出勞資協商的主要訴求，交通部訪視小組則肩負起「居中協調、指導」的角色，同時請長榮航空就疲勞航班部分，先行與工會溝通，同時探知公司是否掌握工會罷工相關訊息，以及危機預防的應變機制，希望長榮能努力繼續釋出善意。

長榮空服員罷工事件協調及處理進程

日期	事件與協商處理進展
2019.03.05	長榮空服第一次勞資爭議調解會，12項訴求未有共識。
03.11-12	交通部「民航勞資關係訪視小組」，訪視華航及長榮勞資各方。
04.01	訪視小組將工會訴求供長榮參考，了解應變機制
04.09	長榮第二次調解會，未達共識
04.18	交通部召開民航勞資關係諮詢小組第2次會議，檢視空服員工會對長榮之勞資爭議訴求
04.19	空服員工會召開會員代表大會，決議通過將正式啟動罷工投票，預定5 月進行
04.24	長榮航空林寶水董事長公開信表示，不會同意禁搭便車條款，也絕對不會因為各方壓力而妥協，公司仍將與空服員理性溝通
04.25	空服員工會宣布5月13日至6月6日罷工投票 交通部民航局成立應變小組，並請勞動部優先排解勞資爭議
05.10	交通部王國材政次會見勞方，了解立場呼籲勞資再協商
05.16	工會宣布端午節假期不罷工
05.24	勞資重啟罷工投票後第一次協商，長榮只回應工會八大訴求之前四項，且雙方無共識
05.29	罷工投票後第二次協商，長榮針對八項訴求提出對應方案，雙方仍無共識，仍願約下次協商
06.10 / 06.17	勞動部邀集勞資雙方會談
06.20	罷工投票後第三次勞資協商。談判破局，工會宣布下午4點開始罷工
06.22	林佳龍訪問貝里斯，凌晨返抵桃園機場，即刻現場處置應變
07.06	勞資簽署團體協約，工會宣布罷工結束

長榮董座與部長會談
交通部備妥應變

交通部幕僚此時對長榮空服員可能罷工，準備因應方案，並隨情勢發展做滾動修正。部長林佳龍則對幕僚下達指令，進行問題分類、策略推演：

1. 當事人思考：究竟空服員、空服工會領導幹部及長榮公司等各自可能的思考模式是甚麼？
2. 這些角色者的行為方式進行分析
3. 研擬談判策略，並滾動設定罷工可能的目標時間點
4. 交通部負責運輸旅客的應變措施，包括調度離島運輸、空軍協助運輸、機場停放容量的調度等。
5. 其他相對應的關係者，以及可能變數。

就在交通部動起來應變之際，林佳龍部長與長榮航空林寶水董事長進行了一次不公開的會面，兩人懇談交換意見。

林董事長的看法是，空服工會醞釀罷工已有一段時間，公司長期密切觀察，認爲該工會爲外部工會所控制，以罷工挾持旅客爲目的，動機已不單純，且工會相關訴求不合理，公司也準備好各項談判策略及應對措施，避免擴及地勤人員及運輸倉儲人員。

▎長榮罷工期間，媒體高度關注

外界研判，長榮航空不太可能讓步，可是並不曉得林董事長向林佳龍部長透露，長榮已準備好50億元來打這一場硬仗，希望交通部這次不要介入協調，公司會全權處理應變。

既然長榮資方已經擺出陣勢，林佳龍考量，長榮航空是一家完全的民營上市公司，政府確實不宜毫無條件或太早介入協調，畢竟公司的經營，必須對股東負責，再加上長榮航空的組織文化，對工會的態度較爲傳統，尤其是來自外部工會的影響。

林佳龍向長榮公司傳遞明確的態度：交通部站在考慮旅客的立場，還是會適度予以協助，並提醒公司要有正確且足夠的資訊，才能對情勢做最佳判斷，也請公司做最壞的打算，預擬危機應變計畫，降低旅客的不滿與不便。林佳龍從華航事件開始，就相當重視勞工的權益，因此告知林董事長，爲了平衡勞資雙方，還是會視情況爲勞工發聲。

罷工突襲
交通部擬妥三個應變劇本

6月20日長榮航空與空服工會召開的勞資協商，在維持不到2小時內就宣告談判破裂，工會有備而來，隨即綁上罷工頭巾，並宣布下午4點起即刻啓動罷工。

但是，好巧不巧，林部長前一天出國了！

因爲適逢台灣與貝里斯建交30年紀念，爲了鞏固我國與貝里斯的邦誼，促進兩國交通事務的交流合作，部長林佳龍率團代表我國政府，前往出席相關活動，並簽署兩國觀光合作意向書，以及郵政合作備忘錄。同時也順道安排訪美行程，以促進台美運輸事務合作。對於外交處境相當艱困的台灣現況，部長的出訪，對於台灣的國際關係，是非常重要的。

爲能穩定交通部同仁協處勞資爭議及應變罷工的處理程序，林佳龍早已指示幕僚，研擬出國前、中、後罷工的三個應變措施，因涉及罷工運輸調度及外交運輸事務合作，事關重要。如果在出國前或出國返國後罷工，部長就直接坐鎮交通部處理航空運輸調度；如果在出國期間罷工，部長儘速完結當下重要的拜會簽署行程，即刻返國處理航空運輸調度。

結果，宣布罷工的時間點，部長還在轉機的飛機上！在國內的交通部幕僚只好硬著頭皮傳了訊息，至少等到部長手機開機時，還是能掌握進度，希望部長能在第一時間看到罷工訊息。其中一位幕僚的簡訊寫著，「部長，沒關係，我們會同步讓你知道訊息的。」也顧不得兩地時差14小時，部內相關人員都做好24小時stand by，隨時遠距遙控的心理準備了。林佳龍並未因時差而有影響，幾乎以台灣時間爲準，保持訊息掌控與必要聯繫。

「幫我找最近一班回程飛機，我回台灣處理。」

林佳龍在得知長榮罷工後的簡訊回應，並與幕僚召開緊急行程會議，同時開臉書直播穩定軍心，先要求政務次長王國材擔任指揮官，召開跨部會應變會議，並決定依原先研擬的應變機制，在貝里斯於最快時間內拜會總理，也在最短時間內請求貝里斯相關部會首長在機場會面，完成最重要行程後，立即返台，而後續出訪行程，則交由政務次長黃玉霖接續完成。

民營航空罷工
交通部角色謹慎平衡

這次長榮空服員罷工的情況，跟華航很不一樣。由於長榮航空爲民營企業，因此勞資問題一開始，交通部即釐清角色與處理的原則，交通部負責運輸調度及旅客權益保障，罷工及勞資爭議部分，則應由勞動部本其專業，先行負責處理與協調。

但林佳龍很清楚，長榮空服員罷工受到外部工運團體的支持，勞方有一定的策略及行動方式，但資方的態度絕對會更為強硬，甚至可能不惜賠錢打消耗戰，和工會僵持，萬一勞資協商一再破局，就是一場長期抗戰。面對罷工時間點接近暑假旺季，相關的交通運輸疏通等問題，又是一場重大考驗，難度絕對不小於前次的春節假期華航罷工，交通部仍無可迴避，必須做好解決方案與策略準備，有了前車之鑒，必須儘量降低對旅客的不便。

6月22日凌晨5點，部長林佳龍返抵桃園機場，當場聽取機場的應變情況及待解決的問題簡報，在幕僚協助下，半小時後立刻接受媒體採訪。

罷工期間，交通部總共召開了15次跨部會應變會議，要求長榮必須要做好人力調度、友航簽轉、服務窗口、資訊更新及查詢等維護旅客權益的工作，並確認滯外旅客因罷工所衍生支出的彌補方案。同時確保國內航線部份，運能不受影響，國際線初期也維持至少4成以上的運能。

不過勞資雙方一直僵持不下，尤其長榮航空果然如林佳龍所預測，態度非常堅定，不僅在罷工尚未開始前，就發布訊息表示，員工若罷工，將暫停罷工者的年終獎金與年度調薪作業。罷工第2天，長榮航空就控告空服工會發起的罷工違法，並附帶請求民事求賠償，以罷工一天損失3400萬為基準，計算求償金額。也因此，罷工協商談判到了第7天仍未啓動，交通運輸影響持續擴大。

此外，社會運動出身的林佳龍意識到，台灣的工會普遍沒有罷工經驗，若沒有經過強大的組織力與協商談判能力，時間久了，無論是工會內部的紛擾，還是消費者的容忍度降低，都會模糊訴求焦點，勞方的籌碼反而會越來越少，也會讓資方更不願意退讓。

飛安是最大公約數
航權檢討致使資方轉變

就如同處理華航罷工的經驗，林佳龍還是明確提出同樣目標，以飛安為重作為最上位指導原則，因涉及公共利益及旅客安心；其次穩住機場秩序，儘速處理旅客抱怨；第三則是保護第三者旅客的權益。同時讓空服員工會了解主力訴求的重點仍應緊扣在飛安之上，社會輿論才會支持，也才能給資方改善的壓力。最終，空服員工會乃關注改善疲勞航班與爭取飛安服勤獎金的議題上，順利談判，同時長榮也同意改變人評會的員工代表參與機制，以及核給工會幹部會務公假，並對於民營企業較敏感的勞工董事及禁止搭便車等議題，工會願意以替代性方案解決。

就在長榮罷工時間已經越來越久，資方仍然相當強硬，危機之火可能從民間企業的長榮，燒到主管機關的政府身上，交通部研判，策略改變的時間點已到，必須改為雙管齊下的方式，由交通部出手來敦促資方、勞動部則負責勸說勞方，讓雙方在訴求上各退一步，儘早坐上談判桌。「至少有談就有機會。」林佳龍仍以這樣的原則向媒體表達先前的立場。

直到7月5日，罷工進入第16天，顯然資方沒有更明顯的改變，也似乎未採納政府的建議。林佳龍在接受媒體採訪時，改採強烈的態度，拋出一道穿透僵局的弧線：「如果航空公司有較高的罷工風險，而且後續處置不妥，未來交通部在檢視該航空公司航權與航線時，都會進行檢討」。另一方面，林佳龍再次以柔中帶剛的公開喊話，媒體也多予引述，「這次的勞資爭議僵局若持續下去，對於長榮的名聲一定會有影響，呼籲勞資雙方，不要傷害無辜的旅客、旅行業者與社會大眾」，以求傾斜的勞資關係再度平衡。

引起高度關注的「檢討航權」政策工具一出手，各界觀察到，長榮航空原本強硬的態度，開始出現轉圜的契機。

交通部開路之後，接下來就由處理勞資事件的主管機關接手登場，7月6日勞動部主持會議，長榮航空勞資雙方終於簽下團體協約：

1. 工會3年內不會罷工。
2. 若工會此次罷工言行合乎法律，公司會予以尊重。
3. 國內航線不能罷工。
4. 飛安服勤獎金短班（含過夜班）一趟來回300元、越洋航線來回一趟500元
5. BR198、BR108、BR184東京航線10月至3月（共6個月）開放過夜；BR716北京航線4月、6月、8月開放過夜
6. 定期勞資互動。某些狀況的人力減派，或減少外站休時，公司願與工會討論。
7. 人評會開放民選教官5名，輪值參與人評會，占1席陪審委員，具發言表決權，以及1名現役空服員陪同當事人。
8. 給予工會理監事每年共25天會務假，會員付表大會由公司協助調整班表。

一般媒體及輿論多半好奇，甚至不解，爲什麼華航機師罷工7天就能落幕，長榮空服員罷工卻拖到17天才結束？

林佳龍認爲，交通部有權利「要求」華航和工會進行協商，但長榮爲純民營企業，負責的地方政府勞動局，也無法強迫長榮資方低頭，使得協商難度大增。若不是因爲航空業屬於特許行業，交通部最終能運用政策工具敦促資方改善，否則長榮空服員的罷工，可能還會拖更久。

處理勞資危機共通點
須深入原因第三方協調

在危機處理的狀態下，**必須對於處理的「標的」深入研究了解，才能找出正確的對策**，這是二次航空業罷工後所得寶貴的經驗。從交通部過往的訊息累積，並參考輿論的分析研判，長榮航空的企業文化偏向保守，歷來就不贊成工會存在，從這次直接對罷工提告、宣布要招募新的空服員取代，分化地勤與空勤，甚至已取消上千班機，不惜虧損也要和工會「硬幹」種種跡象，便可歸納出資方不太可能輕易改變。

林佳龍在和幕僚的討論中，分享他自己的經驗，勞資調解最好還是要有個公正值得信賴的第三方從中協調，較能從勞資雙方提出的方案中，找出最大公約數，同時給予正確可信的訊息，並且以緩和勞資雙方針鋒相對的氣氛與誤判。絕對不是你輸我贏，讓一方全拿，而是尋求一份勞資雙方都能接受的「折衷方案」，才能讓罷工儘早落幕。林佳龍認爲，處理勞資爭議事件的策略，「最根本的，還是勞資雙方平日就要保持良好的互動關係，不要非要等到罷工這種激烈手段，才肯願意出來面對問題。」

南方澳斷橋

跟時間賽跑！
南方澳事件的災難處置管理

南方澳大橋斷裂
驚悚意外震撼

2019年10月1日上午8點多，南方澳漁船加油站前，有幾艘漁船一如以往的排隊等待加油，其中包括3艘新臺勝漁船，因爲看到前面還有其他船隻在整補，這3艘船於是靠泊在跨港大橋正下方排隊。

前一天因爲米塔颱風逼近，宜蘭縣政府根據陸上颱風警報而宣布停班停課，許多船隻停止出海，將船停靠在南方澳第3漁港內。因此，在颱風一過解除警報，海況好轉，許多船準備繼續出海作業，港內顯得有些忙碌。

9點30分，一輛載著汽油的中油油罐車駛過大橋，就在快要到對岸的時候，突然的「砰！」一聲巨響，南方澳大橋橋身瞬間垮下、鋼索斷裂，當下激起巨大水花，並冒出大量白色濃煙與粉塵。

油罐車瞬間被往後拉下墜，車頭與油罐體經碰撞後分離，立刻起火燃燒，冒出濃密的黑煙。旁邊居民及漁船加油站員工見狀，趕緊衝上前，將受重傷的司機救出來。另一端後面貨車正要準備爬坡上橋，因爲載貨較重開得慢，司機看到眼前橋面突然斷裂坍塌，嚇得立刻用力重踩煞車，硬是把車子急停住。

不過，原本在橋下排隊的3艘漁船沒有這麼幸運，這意外來得太突然，來不及反應，當場被墜落的橋身重壓在下，33號及366號被海水吞噬，266號則呈半沉狀態。

現場一片混亂。斷橋不僅堵住航行通道，導致南方澳漁港600多艘漁船無法進出，並造成2478戶停電，整個南方澳漁港意外災害，從大橋斷裂之後的畫面，全部都被監視器完整錄下來，透過媒體快速傳播，趕赴現場直播採訪，全國都知道這起嚴重的意外事故，成為當天頭條新聞。

救災爭取第一時效
跨部會快速動員

消息一傳出，總統蔡英文及行政院長蘇貞昌下令動員所有資源，全力搶救，正在立法院接受質詢的交通部長林佳龍，臨時向立法院請假，趕往現場，同時責成港務公司現場成立協調所，並於交通部成立中央災害應變中心，要求同仁開始向相關部會聯繫。

南方澳事件現場

意外災難現場令人驚訝而難過，但此時更是考驗領導者應變及決斷能力的時刻，也是指揮組織團隊的資訊蒐集、分析反應、溝通協調以及執行力的一種高抗壓工作。對政府公部門而言，這類公共場域的災害，不僅救災救人責無旁貸，更有著不能失敗的挑戰。

由於事發第一時間，仍有6名被壓在水下船艙內的漁工，但同一時間，斷橋造成航道阻塞，六百多艘船被困在港內，無法出港作業，不僅要先救人命，還得顧慮如何清出一條安全的臨時航道，讓港內漁船便於進出。林佳龍部長不僅現場坐鎮指揮調度，除了下達以救人爲優先考量的指示，更分別協調，並在總統指示下，國防部也全力支援搜救任務，海巡署、消防署、農委會、宜蘭縣政府等各部門都立即投入救災。

各方投入救災

林佳龍坐鎮事件現場指揮

這起在港內意外的特殊現場，需要能夠處理水下作業的特殊技術，除了國防部已經動員人力，林佳龍判斷，還需要更多的支援，於是憑著過往的人脈，立刻聯絡他所熟識的民間廠商，國內少數具備海事工程與水下作業能力的公司，趕赴現場協助機具、人力與技術協作。

「我看到一個具有領袖特質的人，面對這樣的突發事件，是如何做好上下管理與溝通協調的。」跟在林佳龍旁邊紀錄的小編Ernest說，「作爲指揮官，他要求所有資訊都要保持暢通，第一天晚上就要能夠完整地報告。報告給總統，總統就能掌握情資，並下令國軍全力支援；報告給媒體，把記者需求顧好，讓媒體在混亂的現場可以安心，如此各單位才能專心做該做的事。」林佳龍曾擔任過行政院新聞局長，他深知在發生危機時刻的應變現場，必須將消息資訊來源掌握清晰，統一對媒體發布，透明化的節奏有助於外界理解，也能保持現場搶救工作的效率。

南方澳事件現場搶救

林佳龍徹夜指揮搶救

「你無法想像現場有多混亂，但是龍哥他左邊拉著陳其邁，右邊拉著徐國勇兩位長官，一起跟各部會協調溝通，」Ernest接著說，「他不居功，他只在乎事情能否順利解決。有了中央長官偕同授權，所有指令就可以馬上進行。對於下面執行的人來說，有了中央的行政指導，告訴大家what you should do，使大家的步調趨於一致。」

指揮者的心訣
危機處理的思維關鍵

林佳龍進駐現場後，相當沉穩地坐鎮指揮，即使搜救工作直到半夜2點，也沒有離開現場，持續設法溝通相關細節，獲取更多必要資訊，一

林佳龍協調各單位救災

夜沒有休息，第二天清晨8點，林佳龍繼續召開應變中心會議。救災進度不斷的向前推進，包括持續搜救另外3位漁工，釐清開通臨時航道的注意事項，以及水下切割、標示航道、引導出港（包括臨時航道水深、航高確認）等措施，透過軍方協助，以爆破及水下作業清理水上障礙物，務必以最快速度開通安全航道，讓南方澳漁船能順利出海作業。

在林佳龍的認知中，事件當天必須認眞堅守現場，因爲「有我在、聽我說、看我做、跟我來」，是指揮者在災害事件現場，必須有的態度與做法，有助於穩定狀況，讓各方人力及資源，有秩序地進行救災。而「釐清危機、快速處理、查核訊息、災後重建」不同的處理軸線，都必須同步協調、掌握時間的節奏下，持續開展。他更指示幕僚及部屬，特別要注意跟事件中「利害關係人」的溝通，將這些關係者納入共同的危機處理事項。以南方澳斷橋事件爲例，林佳龍要求幕僚，特別加強對於災害中受影響的船隻、車輛，相關損失的補償或賠償問題，還要加強對當地漁會的溝通，理解長年以來當地與蘇澳、基隆港之間的依存關係，做爲日後重建復甦當地社區的意見基礎。

通常在一般外界常討論的「救災政治學」，不免會有黨派角力，或中央與地方爭奪主導的問題，政治人物在救災過程中，甚至可能出現角力較勁，各持己見。林佳龍面對災害當前，並不認同採取對抗爭奪的作法，從他在現場指揮協調的方式，可以看出他有別於傳統政治人物或者官員的領導模式。林佳龍要求交通部相關單位，在南方澳救災中，務必將宜蘭縣政府納入共同處理危機的一環，即使中央與地方各屬不同政黨，但雙方不應該互咬、而是要互助，也不能一開始就耍嘴皮、推諉卸責。林佳龍認爲政府應該是「解決問題者」（problem solver），遇到問題和大家一起解決，或者委託專業共同完成，即使有疏失，也不要護短、隱瞞，不應該讓政府機關，反而變成問題的阻礙。

救災重時效
兼顧善後處理與人道關懷

救災第一階段都是人命優先，但隨著黃金時間推移，同樣重要且無形的挑戰，則是持續進行證據的保全，配合檢察官及交通部成立的專家小組，做爲未來調查和釐清責任的依據。林佳龍深知作爲主管機關，在各媒體全程紀錄的監督下，搜救、開通、蒐證三方必須同時進行，這種面對輿論與時間的責任及挑戰，在在考驗領導者的抗壓性與決策力。

另一個災害事故應變處置過程中，同時發生的第二階段就是對罹難者家屬的善後安置安撫，以及社會情緒平復。

事故發生第三天，臨時航道完成，漁船可以開始順利進出，而最後一具遺體也尋獲，6名失蹤外籍漁工（3名印尼籍、3名菲律賓籍）證實全數罹難。由於移工問題向來也是社會關注焦點，加上國內對於移工的照顧還有努力改善空間，這起事件帶來不幸，現場立刻協調成立關懷小組，除了提供專人接待罹難家屬來台事宜，也發放傷者慰問補償金，提供專人一對一關懷慰問及必要支援，務必要把傷亡者的後續事宜，從一開始就要妥善處理。

林佳龍部長以他過往的行政經驗，要求港務公司必須秉持從優、從速的原則，簡化申領程序，盡速完成對相關船隻、商家等補償、慰問協助、保險等發放，務必要主動關懷，才是負責任的態度。

善後

拆橋工程與生命議題 兩者都要讓人心安

罹難的漁工分屬印尼籍與菲律賓籍，意外發生後，其他在現場及聞訊而來的外籍漁工夥伴也出現哭泣、恐慌及焦慮等低落情緒，宜蘭縣衛生局另安排祈福追思會，依印尼習俗邀集印尼同鄉漁工，一同緬懷亡者。10月8日則依照天主教儀式，舉辦「彌撒心安」活動，馬尼拉經濟文化代表處駐台代表、航港局、漁業署、港務公司、其中兩名罹難者家屬及約200名菲律賓籍移工，一同到場參加，同時傳遞來自台灣情同家人般的溫暖與關懷。港務公司另在10月10日舉辦超薦祈福法會，祈佑漁民出海平安，讓南方澳在地民眾能夠心安及緩和情緒。

現場追思祈福

拆除工程與重建
全面檢測橋樑避免重演

事故後一個星期，媒體關注的熱潮消退，復原作業雖然開始進入較爲緩慢的節奏，不如事故開始那麼緊繃，但也無法有一刻鬆懈。交通部考量必須先進行橋拱臨時支撐工程，緊急從高雄港調來全台最大海上升降作業平台「宏禹一號」，並研擬臨時航道船隻進出規定，縝密規畫拆橋工程計畫，包括被壓毀的漁船，也必須完成打撈起吊上岸，進行船體拆解，猶如一場災害後的復原手術，需要謹慎而確實。

林佳龍部長請具有豐富工程專業背景的黃玉霖政次，嚴加管控進度與全面規劃的情況下，就在11月5日，搜救工作結束後一個月，南方澳斷橋拆除工程即全部完成，港區運作也全面恢復。當然，災害管控的後段，並未就此結束，林佳龍另有其他的構想，需要交通部各單位同步進行。

橋垮了，屬於硬體的結構勢必要重建，交通部不僅提出新橋重建計畫，目標三年內完工，同時由觀光局提出振興南方澳觀光漁港及商圈的構想，作爲港區復原計畫中比較軟性而帶有重生概念的構想，在11月13日向立法院交通委員會及宜蘭地方人士說明整體方案，藉此機會與地方溝通，期待解決當地長期發展瓶頸，此舉獲得地方人士的肯定與認同。

檢討

全面深入調查檢測
責任釐清溯源追蹤

災害事故因應策略及管理的第三階段，也是各界關注的眞相事實釐清及究責，是無法避免也應該正面積極處理的重要部分。

國家運輸安全調查委員會，在事故當天就已經啓動調查，而交通部也成立專案小組，與宜蘭地檢署及國家運輸安全調查委員會共同合作，加速證據保全與調查工作，並邀請土木技師等專家深度調查，了解橋樑檢修情形與事故原因，以便能嚴格追究相關責任歸屬。

權責管理單位的航港局和港務公司在過去21年內，若是「未曾主動」對南方澳大橋進行檢測，恐怕必須負最大責任，成爲調查的重點之一。林佳龍部長認爲，這個事件，凸顯出全國橋樑安全管理，有疏失及權責不明確的問題，政府應該正視這個問題，積極面對並拿出決心改善，絕不護短，林部長的態度，也成爲南方澳斷橋事件後續究責的基本立場。

交通部除了要求港務公司由公正第三方協助，於3個月內完成港區其他17座橋樑的詳細檢測工作，並根據檢測結果補強改善，不得拖延。交通部更擴大函請全國各橋管機關，全面清查所屬的橋樑安全，協助地方政府加速改善有風險的橋樑。

從公部門的立場，必須要有改善措施與行動，當然也涉及法規檢討及修訂的必要，做爲日後處理及執行的依據，著手研擬《橋樑維護管理策進作爲》，檢討現行《公路橋樑檢測及補強規範》及《公路橋樑設計規範》，辦理修訂作業，同時舉行新頒規範的教育訓練等等，做爲日後更長期的改善，以符合社會期待。

災難處理的關鍵
行政官員決策力的必備

天然災害及意外事故並非全然能夠避免，只能盡力做好必要預防及準備，以及災害發生後的妥善因應。然而政府的處理方式及態度，會形塑出不同的結果，從管理的角度及危機災難處理能力而言，林佳龍有一套從實務經驗累積的觀點，收在他的思維及筆記本當中。

林佳龍在南方澳事件處理暫告段落後，和幕僚及同仁著手檢討與討論，他提示了幾個觀念，希望從這起不幸意外事故，整理一份行動筆記，提醒自己改進，也給公部門同仁分享。這些概念與經驗談，對於需要擔負領導幹部責任的人而言，或許是提升決策力及行動力的不錯參考：

1 指揮官擁有現場即時調度的權限與決策力

在災害現場，須有一位能負責決策及指揮發號施令的人，尤其在與死神拔河的生死關頭，若是指揮官沒有冷靜有條理的判斷力，迅速梳理出在時間軸上的輕重緩急；或是沒有足夠權限，什麼事都得等待請示上級，就會出現耽誤救援時間，或是多頭馬車各自發號施令的混亂狀況，結果只會令人遺憾扼腕。

作為第一線指揮官，關鍵在於務必要確保各單位資訊公開，流通順暢，包括：

- Ⓐ 掌握的資訊越完整，越能夠做出正確的判斷。
- Ⓑ 救災資訊公開透明，讓媒體能夠完整報導，而非隨便臆測，就可以避免浪費時間在澄清不實消息上，專心處理現場事務。
- Ⓒ 現場支援的部門單位眾多，資訊若能即時同步，中央便可以下令調度，各部門配合起來爭議較小。

2 救災處理要求效率

無論在時間還是行動上，「效率」絕對是任何危機處理裡，最重要的核心價值。爭取到的時間越多，就意謂著能夠搶救的空間越多，降低傷害程度的範圍也越廣。

以南方澳斷橋事件為例，事發當下在開始陸續搜救到罹難者後，也同步進行開挖臨時航道與蒐證的工作，接者馬上進行拆除工程，在短短一個月內，全面恢復港口正常運作。指揮官必須一心多用，同時間協調不同部門人員，讓大家分工合作同心協力，並加強監督，才能以最有效率的方式，在最短時間內完成。

3 同理心與信任感

遇到災難事故，民眾的情緒難免恐慌、悲傷、激動，在事故當下，對大眾的回應若不得體，不僅會影響社會觀感，處理不當也會造成受害者及家屬的二次傷害。

因此，對於受害者給予從優、從速的撫卹、慰問與關懷，同時將心比心，體貼地協助對方，認真面對並承擔問題責任，並對大眾清楚明確告知政府所採取的行動，才能夠安撫民眾恐慌不安的心情。

「有我在、聽我說、看我做、跟我來。」在林佳龍的觀念中，無論是對民眾，還是對各個單位，領導者要建立起信任感，除了思考如何解決事情之外，也要易位思考，把支援單位拉進來，而不是採取敵對態度，才能獲得支持。

4 補救、反省與重生

就算事故當下已經迅速處理結束，事後的反省與補救改善措施，甚至更進一步，主動提出解決方案與重建計畫，對於在地居民尤為重要。這些工作項目，不僅在化解民眾對於未來災難是否會再發生的疑慮，政府必須以正面積極的態度，提供更好、更新的建設，為當地居民打造更有品質的生活及工作環境，才會加強民眾對政府施政及工作內容的信心。

跨港大橋的重生，究竟應該在原址重建或者北移20公尺，避開蘇澳區漁會第三市場的作業動線，在事件過後仍然是地方關心的事情，甚至一度傳出地方對於橋樑重建方案有不同意見，甚至擔心無法依照林佳龍部長所要求的三年完工，地方憂心忡忡。

災害過後的復原工作，是需要時間及細膩關照，部長請黃玉霖政次持續協調，在2020年2月27日的地方座談會中，黃玉霖政次建議原址重建有利於掌控工程進度，橋址可以微調，讓橋下預留些空間，方便第三魚市場作業與人車出入，因爲若北移20公尺，新橋東側銜接豆腐岬地質敏感區，解編要1到2年，將爲工期埋下變數。協調討論之後，蘇澳區漁會理事長蔡源龍表達最新立場，指尊重專業評估，更期盼橋樑可以準時完工。從地方人士的期盼，以及交通部全力協調，各方都希望在2022年的秋天，重新看到南方澳大橋，在港內豎立昂揚，跨越這段曾有的意外記憶。

參考附註資料

* 「南方澳斷橋事故」共造成12人受傷，包括9名外籍漁工、1名油罐車駕駛、以及救災過程中的2名岸巡人員與1名救難協會人員。不幸罹難者有3名印尼與3名菲律賓籍外籍漁工。
* 南方澳跨港大橋於1996年1月27日開工，1998年6月20日完工，跨距橋長140公尺，橋寬15公尺，工程造價新台幣2億5千萬。是亞洲第一座雙叉式單拱橋，此類橋型全世界只有2座，另一座位在西班牙馬德里。

南方澳大橋斷橋事件摘要

2019.10.01	◆09:30南方澳大橋坍塌。1輛中油油罐車翻覆起火，3艘停在橋下的漁船遭坍塌橋面壓入水下。 ◆交通部獲報後，立即責成港務公司成立指揮所，並成立應變中心。 ◆國家運輸安全調查委員會就已經啟動調查，而交通部也成立專案小組。 ◆13名傷者獲救送醫，仍有6名外籍漁工失蹤待救援。 ◆新臺勝266號船體拖出。 ◆23:18及23:34搜尋到兩具遺體。
2019.10.02	◆01:31發現第3名失蹤漁工遺體，08:45發現第4名漁工遺體。 ◆開挖臨時航道。 ◆14:27發現第5名漁工遺體。
2019.10.03	◆臨時航道完成啟用。 ◆11:11尋獲最後一位外籍漁工遺體。至此6名失蹤漁工遺體全數找到。 ◆發放傷者慰問金，並成立關懷小組。 ◆港務公司董事長吳宗榮口頭請辭獲准。
2019.10.04	◆完成橋拱臨時支撐工程。
2019.10.05	◆全台最大海上升降平台宏禹一號抵達蘇澳港。 ◆制定臨時航道進出港船舶管制原則。
2019.10.06	◆災害處理小組階段性任務完成。成立重建前進協調所。
2019.10.07	◆舉辦「星心相伴，伴我平安」印尼祈福追思會，追思印尼籍罹難者。
2019.10.08	◆舉辦彌撒心安活動，追思菲籍罹難者。
2019.10.10	◆新臺勝266號船完成起吊上岸作業。 ◆舉辦超薦祈福法會。 ◆橋拱切斷分離並完成起吊。
2019.10.14	◆完成豆腐岬側Y型鋼樑移除及吊離。 ◆支付3艘受損漁船補償預支款。
2019.10.20	◆新臺勝366號船順利拖出。
2019.10.22	◆新臺勝366號船移放海軍船塢。
2019.10.23	◆新臺勝33號成功起吊上岸。
2019.10.24	◆南方澳大橋豆腐岬側橋面全數吊離。

2019.10.25	◆完成移山路側Y型鋼樑移除吊離。
2019.10.30	◆完成移山路側橋面切割。
2019.10.31	◆新臺勝366號船完成拆解。
2019.11.02	◆新臺勝33號船完成拆解。
2019.11.04	◆移山路側所有切割橋面完成吊離。 ◆船隻拆解廢棄物清運完畢。
2019.11.05	◆拆除工作圓滿完成，漁港航道恢復通行。
2020.02.27	交通部與地方座談會，橋樑原址重建與微調，目標2022年10月完工

南方澳漁港斷橋拆除

南方澳漁港大橋等待重建

普悠瑪事故後續

用柔軟的同理心與明快處理的決心
撫慰傷痛

▍普悠瑪號事故現場

2018年10月21日普悠瑪號第6432次在蘇澳新馬車站前出軌，造成18人死亡、215人輕重傷，爲近37年來最嚴重的台鐵事故。

台鐵百年老店招牌，遭受重大的打擊，不僅帶給家屬創傷，也在社會民眾對於大眾運輸的信任上，蒙上一層陰影。

事發未滿三個月，普悠瑪事件引發交通部長異動，林佳龍在2019年1月14日接任交通部長，除了必須立刻處理既有交通部業務，更把普悠瑪事件後續處理，列爲優先處理的「重中之重」。他不僅多次在部內會見家屬，更率台鐵局、路政司等單位首長，親赴台東慰問，召開懇談會，傾聽傷者及家屬的抱怨、心聲及意見，立即給予回應及指示處理，提供普悠瑪事件受影響者最大的支持與協助，等於上任首要任務，就是處理台鐵重大意外的善後。

「身為一位父親、一名乘客，這樣的心情我懂。」

在普悠瑪事故中，有5名罹難者是未滿15歲的孩子，依據現行保險法107條規定，即使保了旅平險，未滿15歲小孩身亡，保險公司是不會給付身故保險金的，只能加計利息退還保險費。這些父母辛苦養大的孩子，遭逢這樣的意外喪命，卻因為年齡太小，無法拿到保險理賠；有一家人北上參加女兒婚禮，卻在返家的火車上遭遇事故，同時失去了8位家人；還有陸籍家屬失去了家人，也意味著失去了居留的身分……這些受害者的家屬，不只身心受創，在實質的生活上也遭逢困難。

林佳龍以身為兩個孩子的父親的立場，將心比心去理解這樣的椎心之痛，接任後思考到底該如何處理這樣的重大事件後續，才能補起這道社會傷口？

他和幕僚討論的焦點之一，特別是對於花東地區居民而言，一直以來，搭乘台鐵是返家最方便迅速的交通方式，人們與火車的情感連結非常深厚且有相當的時間，卻因為這麼嚴重的事故，奪走了至親好友性命，交通運輸與生活息息相關，不該是令人傷心的事情。

有位年輕網友寫信給林佳龍，問他：「事故之後到現在，我一直不敢再搭火車，怎麼辦？」林佳龍收到這封短信，感觸深刻。

這讓林佳龍特別對屬下要求，**「一定要用最柔軟的心，來處理這件事情。」**

用柔軟的方式面對
用真切的態度處理善後

意外事故的善後處理非常重要，既不是儀式化的過程，更不是停留在賠償及道歉的層次，對於公部門來說，大眾運輸的公共性質，絕非民間處理損害意外的責任及方式，不僅有更高的要求，也需要更真切的反省，這在林佳龍接手部長之後，希望同仁及幕僚能夠理解，處理此事件的高度必須提升。

林佳龍除了多次親自與受害者家屬見面，聆聽心聲與需求，更指示台鐵局成立「普悠瑪關懷服務小組」，秉持同理心，以最誠懇、溫暖的態度，積極與家屬及當事人溝通協調，帶動台鐵內部受影響的士氣，必須重新振作的開端。

交通部在林佳龍的要求下，修正了先前處理方式，台鐵也接獲務必以「從優、從寬、從速」的原則辦理，另一方面爭取提高賠償金，提出每位罹難者給付1,570萬元，相關醫療及衍生費用，均由政府全額負擔。對於傷者，也改採取比較彈性認定及處理的做法，包括統包式、計分式、列舉式等3種方式，讓受傷的當事人選擇適合自己較妥適的賠償，台鐵也對29名事故中未受傷的旅客，每人給予5000元慰問金，這些不同的處理模式，以更貼近人性的作法，在過去是比較少見的。

2019年10月是普悠瑪事故即將屆滿周年，林佳龍在筆記中的未來行事曆，早在幾個月前就已經標示要慎重規劃，包括該做好的事情，以及如何辦妥一場追思會，還有回應媒體各種角度的詢問、專訪與特別報導。

台鐵規劃了在台東火車站外廣場舉辦追思會，10月19日晚上7點14分時，當第6432班次列車駛入台東車站時，追思會場投射出18道光影，象徵去年18名罹難的旅客，回到故鄉，追思會安排台東普悠瑪長輩吟唱古調，表達對18名罹難者永恆的思念。交通部長林佳龍親自出席追思會，和家屬一起繫上紙鶴，並逐一慰問參加追思會的家屬，聆聽家屬這一年來想說的話。

事故發生一年以來，台鐵局爲處理事故賠償，內部召開會議超過100場，也與罹難者家屬召開5次懇談會，與受傷旅客召開9次說明會。就這樣

普悠瑪週年追思會

林佳龍主持追思會

一點一滴地，逐漸取得傷者及家屬們的信任。終於，傷者及家屬代表在普悠瑪事故周年追思音樂會上，提到要放下的感言。

「這一年來大家都很辛苦，我們也沒有想像中的堅強，」家中有8名親人罹難的董家兒子董明豪，代表普悠瑪事故家屬致詞。「不過眞的要放下了，要繼續往前走，好好過生活。」

追思會後，許多事故罹難者家屬陸續與台鐵和解。

「我知道他們已把對逝者的愛，化爲對所有乘客的關懷。他們的關懷，也敦促著我們找出問題、即刻改善並持續進步。」林佳龍在自己臉書上這樣寫著。

這種「我們和你在一起」的態度，對林佳龍而言是相當堅持的一部分，在他與同仁規劃追思會之前認爲，這不僅是非常重要的一種社會集體療傷的過程，更重要的是如何避免再度發生相同的悲劇。就台鐵而言，林佳龍認爲必須眞切地檢討疏漏、提升安全，是重拾民眾信賴的第一步。

林佳龍親自和家屬對話，他認爲從彼此互動中，和家屬一起走出事件，包括事故發生後就不敢再乘坐火車的女孩，另一位嫁到台灣來的外籍配偶需要協助，還有一位運動員逐漸能恢復練習，找回自己的生活，這些對話及分享心路歷程，林佳龍認爲是個領導者在面對災害意外之後，必須要面對人們、必然要肩負的責任之一。

林佳龍也希望要妥善設置紀念碑，將事故中罹難者的名字記載其中，不僅是重要的紀錄，且要透過愼重的儀式，作爲事件追思的句點。

追究行政責任
資訊透明接受檢驗

普悠瑪列車事故發生後，行政院隨即成立「1021鐵路事故行政調查小組」，宜蘭地方檢察署也隨後啓動「臺鐵6432次普悠瑪自強號列車發生行車事故案」偵查。當林佳龍上任後，在通盤了解事故發生情形及初步調查結果後，認爲這件事故發生的行政疏失相當明確，當下就表示須明快處理行政責任交代，也較有助於後續復原工作。

臺鐵局一開始所提出的事故責任調查報告，針對三位前局長僅有記過處分，林佳龍認爲，相關負責人的行政疏失重大，這份懲處沒有依據相對應的責任反應，不能只歸咎責任於司機員，事故背後呈現的所有問題，台鐵應將資訊公開透明讓社會檢驗，並依據這些清晰的事實懲處，如此才是

國家運輸安全調查委員會揭牌典禮

林佳龍視察台鐵

台鐵重新取得社會信任及一切改革推動的開始，因此退回報告，要求台鐵局重新檢討。

經過台鐵局重新檢討事故責任報告，懲處名單從20人擴大至30人，除加重前3任台鐵局長處分，尤姓駕駛員因關掉ATP（列車自動防護系統）及超速，被記1大過2小過，並撤銷其鐵路列車駕駛執照，終身不得擔任司機員。

2019年8月1日，原飛航安全調查委員會，擴大改制為「國家運輸安全調查委員會」（簡稱運安會）。運安會成立後，交通部長林佳龍立刻促請運安會，重啓普悠瑪事件眞相調查，再次強調台鐵應配合行政院運安會、交通部鐵路行車事故調查小組，針對事故進行檢討，釐清原委、勿枉勿縱，以給全民一個更為具體完整的交代。

誠實面對
改革台鐵文化與體質

普悠瑪事故危機處理的另一個重點工作，就是確保行車安全，並逐步改革台鐵文化體質。這件事故發生的原因，深究檢討之後，台鐵內部仍存有「差不多文化」，因此林佳龍多次在內部及公開會議中，要求台鐵局務必要誠實面對問題。

林佳龍認為交通部**「提供民衆一條安全回家的路」**，是政府責無旁貸的使命，台鐵普悠瑪事件之後，更是需要落實這樣的理念。從挽救公信力的危機事件角度而言，重回軌道，重回正確的作法，是不能打折扣的事。

解決問題需要方法，更要清楚設定各個面向，抓住重點即目標進行，才能有效管理問題。林佳龍首先針對台鐵車輛，要求設立「普悠瑪列車特檢專案小組」，調查列車故障原因外，另外責成台鐵以系統性方式，就整個台鐵總體檢所列出的144項改善事項，具體落實，以達成安全改善、效率提升。

比較特別的是，他不僅從既有層面改善，還打算擴大從產業結構面著手，不多久之後，他推動成立代號「R-team」的政策，希望發展鐵道技術認證及產業鏈國產化，全力扶植我國鐵道產業發展。

林佳龍也發現，台鐵長期累積下來的問題還包括財務體質不良。他提出「大算盤、小算盤」的概念，一個是臺鐵營運帳，另一個是公共服務帳。透過企業化經營，提出配套措施改善台鐵局財務，交通部於2019年7月25日邀集行政院主計總處、運輸研究所、交通部會計處、秘書室及台鐵局，共同召開「有關法定優待票差、服務性路線及虧損小站之補貼預算籌編」會議，討論服務性路線、虧損小站補貼設算方式，及補貼預算運用等議題，經行政院8月15日核定，補貼「公共服務帳」5.74億元。

台鐵另一個挑戰如同近年來國營事業所面對的挑戰，就是人才流失，以及少子化趨勢下，如何培養新進人力及有效留用。早期台鐵爲鼓勵長久留任，薪資採用「交通資位制」，年輕時，薪資待遇較一般公務員低，隨著年資增加（約10年以上），薪資待遇才會接近或高於其他公務員。但因爲許多年輕員工投入職場的前10年，正是成家立業花錢的時期，撐不下去就會另尋高就，人才不斷流失，就會出現嚴重的人才斷層，而還留在台鐵的員工，工作量變得更吃重更辛苦，也會影響到工作品質。

林佳龍站在交通部需要強化留才的立場上，向行政院爭取，讓台鐵員

工比照一般公務員，發給結婚、生育、喪葬與子女教育補助，讓年輕職員，在成家立業的黃金時期，可以得到支持，希望未來台鐵留下年輕的人才，經驗得以傳承。

經歷普悠瑪事件之後，外界普遍好奇，林佳龍並非工程本科出身，爲什麼能夠在接任交通部長之後，很快就能抓到問題癥結點？

一位平日接近他的幕僚的看法是，部長在過去的工作經歷中，認識了很多民間專業人士，甚至包含第一線基層員工，因此除了大量研究相關資料外，海納百川的態度，集結各種正負面的專業意見，無論是找問題，還是作判斷，自然會更加精準而客觀。

傳統政府機關內公務人員面對疏失事情發生，總是循著既有路徑，強調「按以前規定流程來」，難免有些人不僅規避責任，更害怕責任落在自己身上丟了職位和公家飯碗。

林佳龍雖是「非典型」的交通部長，卻也不需要背負過多傳統工程運輸業界的包袱，因此可以採取與現代觀念相符的管理觀念，加上自身創新治理的理念，雖然面對龐大而具有歷史的運輸體系，仍嚴格要求台鐵，不能再迴避老問題，唯有坦蕩面對問題，通盤檢討、落實改革，方能浴火重生，重新贏回社會支持與信任。

遠東航空無預警停飛

高風險公司頻出包　飛安至上絕不妥協

2019年12月12日一早，國內旅行業者許多人的LINE群組開始互傳「遠東航空的訂票系統暫停服務了！」這樣的消息。

大家七嘴八舌議論紛紛，「怎麼大白天的，在系統維護啊？」有人緊張地說：「該不會又跟之前一樣停飛吧？」「呸呸呸，烏鴉嘴，大概是主機當掉了吧。」

沒想到才過沒多久，網路上就有人貼出了一份內部公告：

遠東航空公告

致各位同仁：

本公司因長期營運虧損，資金籌措困難，經公司通知，將於2019年12月13日起停止一切飛航營運。

為保障同仁權益，本公告視同資遣通知，同仁的最後在職日為2019年12月13日（協助善後人員除外）。人事單位將印發服務證明及退保文件，以利同仁申請失業給付，各單位善後人員將協助辦理終止營運相關作業。

敬請珍重　祝福您

網路時代，這份公告很快就一傳十，十傳百，遠東航空（簡稱遠航）發言人盧紀融與副總黃育祺隨後也證實，13日起停止一切飛航營運。記者會上，還戲劇性地收到副董事長鄭晴文轉發一封宣稱是張綱維的遺書。遠航停飛、董事長神隱只見遺書的消息，震驚社會。

交通部內一早也開始因應處理，事實上從前一天合作金庫察覺遠航繳款有異，就已經和民航局密切聯繫，所有局勢變化及可能性，交通部均有所掌握及應變方案，沒有太大的動作，但其實一切已經是山雨欲來，遠航飛機陸續在下午落地之後，就進入熄燈告別的狀態。

13日早上，前一天未對外公開的張綱維，帶著幹部與律師現身另一場記者會，擠滿整個現場的媒體，鎂光燈閃爍，他所說的話語都透過直播對外，向民航局喊話，不要讓遠航撤照停飛，希望能等近日資金到位後，繼續擔負選舉和春節運輸的重要責任。

事實上，這已經不是第一次了。

營運狀況不穩定
早被列入留校察看名單

2008年2月14日，遠航爆發財務危機，改列爲全額交割股票。5月12日傍晚，遠航宣布，因經營高層掏空，導致資金問題而停飛，自5月13日暫時停止營業。民航局分別於2008年6月及2009年4月，收回高雄、臺東、澎湖、金門、馬祖5條國內航線，以及帛琉、濟州、河內等，共10條國際航線經營權。

台北地方法院裁定遠航破產重整，最後由樺福集團董事長張綱維，以私人名義挹注資金，爭取復航營運。由於遠航的運輸許可證在2009年5月18日到期，遠航趕在5月16日的最後期限之前，向民航局重新提出恢復營運計畫書，將原本租機計畫改爲修機優先。2010年11月27日，遠航成功完成特種適航，交通部民航局於11月29日發放適航證。

2011年4月18日遠東航空正式復航，在經過5年努力，臺北地方法院於2015年10月20日裁定重整成功，遠航恢復正常營運，擁有航權包含國際兩岸在內，共有47個城市、62條航線，但隔年2016年又爆發與與飛機租賃公司ALC（Air Lease Corporation）簽約，預計租用兩架737-800飛機，其中第二架飛機因故封存六個多月，但ALC並未告知，因此遠航決定解除第二架飛機合約，雙方打國際官司，官司纏訟至2019年6月判遠航應賠償三千萬美元，仍在上訴中。

遠航狀況一直起起伏伏，民航局遂訂有「遠東航空公司財務異常應變計畫」並成立應變小組，從2017年7月起，對遠航財務及飛安狀況，持續進行監管，並要求設立消費者信託專戶，高度監管遠航飛安與財務。

媒體另報導遠東航空向銀行貸款，加上自有資金，全部挪到董事長名下企業公司，導致遠東航空每個月現金流不足的疑雲未解，甚至透過關說，企圖動用消費者信託專戶的現金，使得遠航的話題始終在熱門版面上。

林佳龍在2019年初接任部長時，在掌握相關業務時就發現，且憑其經驗判斷，遠航治理有問題，資金缺口越補越大洞，在3月份時，就要求交通部與民航局及國安會，共同組成專案因應小組，高度監控遠東航空，提早做危機防範與管控。

果不其然，2019年5月18日，遠航以配合民航局飛行時數控管爲理由，突然宣布取消5月底前包括長灘島、峴港、巴拉望等航線，隨後又擴大到日韓及中國等8條國際航線，共31個國際航班，影響上千名旅客行程。

潛在危機如不定時炸彈
再度停飛決不寬貸

交通部會緊盯遠航，不是沒有理由，除了關注財務狀況之外，民航局還會控管遠航的飛行時數，是因爲遠航的機隊老舊，嚴重影響飛航安全。遠航目前擁有的8架MD機型，平均機齡達24年，爲了避免過度使用，民航局設下每月飛行不得超過1,350小時的限制，並要求限期汰舊老飛機。

但遠航換機之路並不順利，原本預訂兩台波音737-800因合約糾紛遲遲未交機，後來與北歐航空資本（NAC）租賃的也只是ATR-72-600螺旋槳客機，而非噴射客機。在有飛時限制，卻沒有引進新機組的狀況下，遠航在2019年1月仍開航巴拉望、長灘島航線，導致2到4月飛時均超過民航局限制，3、4月更是超標100小時以上。

▍遠航客機（資料照片）

此外，遠航3月發生長灘島衝出跑道事件，民航局調查後，認爲是遠航對機師降落特殊機場的訓練不足，裁罰60萬元。4月又爆出降落新潟班機突然冒出煙霧；幾天後，遠航一架從澎湖飛台中的班機，在降落清泉崗機場時，左右輪都有偏出跑道的情形。

民航局因此在5月中下令要求改正，否則開罰。不料遠航不滿，宣布取消5月底航班，想藉由乘客來綁架民航局。

從民航局及交通部的監管角度，飛安絕對是優先考量，而且遠航庫存現金遠低於安全額度，一旦發生重大飛安事故，不但無法履約保障旅客權益，連發薪水都可能有問題。

12月13日遠航宣布全面停飛消息，在林佳龍的想法認爲，「這根本就是可預見的炸彈」，而且選在年底這個時間，面對即將到來的大選及春節過年，大量的搭機人潮，「其心態非常可議」。

立即處分
不讓對方繼續玩把戲

但林佳龍也沒有打算讓事件惡化，影響旅客權益，就在張綱維出面召開記者會，宣稱是一場誤會，已經在籌措資金，希望遠航能復飛之際，林佳龍也隨即在部內召開了一個高階主管及幕僚會議，商討及確認應變對策，交通部開始分工處理遠航停飛的後續狀況。

交通部相關單位立刻動員起來，很快的，觀光局初步統計出影響旅客人數，預計出團出境旅客120團，計3251人；滯留在國外的旅客人數共500名。同時與旅行業公會達成參團旅客解約退費處理共識。

遠航突然無預警宣布停止營運，不論是不是所謂的「誤會一場」，民航局就可按違反「大量解僱勞工保護法」之規定，依法最高可處300萬元；另一方面，民航局也提報交通部廢除遠航營運許可，更緊急傳眞給台北地檢署，提出對於遠航董事長張綱維出境管制之建議，北檢在傍晚隨即著手調查與傳喚，處理遠航資金一案。

事件發生後一個月，眼見農曆春節即將到來，2020年1月22日，遠航又突然召開記者會，要求交通部允許復飛，宣稱將可使預計籌募的30億元資金進來，再次向政府喊話。林佳龍研判這仍是業者的手段，除了嚴格把關，態度也更爲堅定，更認爲遠航應該要照顧好員工過年，包括發放員工薪資等應盡責任，其他都要依法處理。

在歷經停飛50天、欠薪25天，交通部在1月31日下午正式宣布廢除遠東航空民用航空運輸營運許可證，具有63年歷史的遠航，在人治問題及財務狀況等因素，再次遭到廢證，並且面臨相關裁罰及勞工權益善後。

危機管理：
以最壞的打算，做最好的安排

面對危機來臨，雖早有防範，一切也都在掌握之中，卻不能忽視任何細節。林佳龍部長掌握遠航事件始末，從一開始就要求部內相關單位，要以最壞的情況來推演，且站在交通部的立場，最重要的，就是確保航空公司的飛安、財務及人事都能妥善。

在林佳龍的判斷上，由於遠航突然無預警停飛，已經是違反規定，對外募集資金沒有眞正到位，對員工權益的處理也不太負責任，再加上飛安也還有不符標準之處，就算遠航能在限期內解決所有問題，還要能達到復飛標準，而且若一直處於停飛的狀況，交通部的底線就是不排除廢止執照。

另一方面，旅客輸運的需要，成爲交通部必須解決的善後。民航局協調立榮及華信航空公司，以增開航班及放大機型方式，疏運旅客。針對離島地區春節返鄉旅遊需求，也規劃第二波加班機，並於12月23日開賣，若第二波加班機也供不應求，交通部還有第三波加班機規劃，甚至商請空軍與海運協助，務必讓國人在春節期間，交通不受影響。

遠航事件成爲媒體追逐的題目，從12月12日發生事件之後，就一路追到隔年二月，林佳龍部長屢次在接受媒體訪問的場合，均強調務必要用更嚴格的標準來管理，該處分的時候就要明快處分，千萬不能存有僥倖心態。「不要一出狀況就趕緊平息了事，所謂怕出事，以後就會出大事，如果現在沒有嚴格把關飛安，我們沒有一個人可以承擔任何飛安意外發生的責任。」

而遠航在無預警停航時，當時還有1,008名員工，隨後3個月內已有480名員工陸續申請離職，終於在2020年3月5日，遠航第三度積欠員工薪資後，董事長張綱維簽下事業單位大量解雇計畫書，正式宣告無法繼續營運，預計在5月24日解雇528人，遠航也對外向媒體證實這樣的決定，並向台北市勞動局完成大量解雇申報作業，遠東航空正式走入歷史。

引領5G產業新未來

突破政策三不管地帶

5G產業跨領域
政策亟待釐清路線

未來5G的生活，會是什麼樣子呢？

農夫不必頂著毒辣的大太陽，辛苦地幫農作物澆水施肥灑農藥，只要透過螢幕設定，無人機就會照顧好好地；偏鄉醫院遇到少見棘手的手術，透過同步連線人工手臂與儀器，有經驗的大醫院醫師，就能遠端一對一示範教學，及時救援；還有智慧無人巴士、世界級運動賽事、巨星演唱會8K同步零秒差轉播、救災無人機運送物資、產業界各種「大人物」（註：指的是Big Data「大」數據、AI「人」工智慧、IoT「物」聯網）的發明與應用……等等，因爲5G網路具有「高速度」、「低延遲」、「大連結」的特性，更多超乎想像的生活模式與便利，都能透過5G實現。

5G再也不是話題或者想像，已經是各國認眞思考成爲政策，甚至逐步落實的眞實服務。台灣在5G政策與應用、製造等層面，雖與美、中、日、韓等國，同被歐盟研究報告列爲領先國家（Leading Countries），但相關政策方向與產業關聯、商業模式之間才剛起步，在2020年進入商轉的關鍵年。

交通部長林佳龍2019年初就任時，適逢全球5G初步萌芽時期，民眾對於我國5G政策規劃，多所期待，但對政府相關配套規劃、後續行政作爲、相關利害關係人，甚至政府政策是什麼？都還沒有清晰的輪廓，輿論報導甚至質疑政府欠缺一個清晰的願景藍圖，只能說「有時程，沒內容」。

面對這可說是台灣繼半導體產業之後，下一個重要的發展機會，各界普遍認爲，政府的角色，不該只是被動釋出頻寬及頻率，讓大家來搶而已。只是電信業者在政商都有一定的影響力，也志在必得，政府想要規劃管理5G頻譜政策，已非過去僅以通訊監理規管爲出發點，而必須重視產業發展及整合運用。

不過，全世界蔚爲風潮的5G政策，都已經過了相當一段時間，在台灣卻似乎陷入「政策誰來管？」的三不管窘境。儘管昔日交通部轄下的「電信總局」諸多政策及業務，早已因組織調整，將主管業務劃歸給NCC（國家通訊傳播委員會），但林佳龍認爲，從頻譜整理與政策協調的立場看來，交通部沒有置身事外的理由。

5G頻譜引業者競逐卡位 政策須明確

5G從頻譜釋出作爲政策開端，諸多面向挑戰重重，包括如何思考實驗用與商業用的優先順序、實際頻譜的規劃與清理、垂直專網頻譜是否釋出、資通安全的管理等，相關議題要在2019年期間逐漸釐清，更面臨到政府決策者，須顧及「以產業概念，綜觀全局」的必要。

而5G頻譜的競標，引來國內電信業者摩拳擦掌，有的勢在必得，有的仔細盤算，投以龐大標金的卡位戰，相當激烈。第一階段爲「數量競標」，歷經27天，終於在2020年1月16日的第261回合落幕，合計暫時總標金爲1380.81億元，其中3.5GHz總標金爲1364.33億元，28GHz總標金爲16.48億元，1800MHz則無業者提出競標。台灣五家業者都有標到5G頻譜，再接續進入第二階段的「頻位競標」。2月21日第二階段位置競價程序結束，再添41.1億元，兩階段合計總標金再創新高，達到1421.91億元。

雖然外界都在關注電信業者的標金與動態，但林佳龍則從公共政策的角度認爲，要先搞清楚政策的方向與目標，應該往哪裡走，而不是只看到國庫收了多少標金。在設計政策時，應該要以國家的整體公共性與公平性爲前提，從民眾心理、行爲誘因等，來考量實施的可行性，並以簡政便民作法爲原則，才會比較容易釐清問題本質，理出頭緒，定位出好的政策。

因此，在林佳龍的內心裡判斷，首要解決的，就是先明確規劃整體5G頻譜政策。

「電信網路頻譜就像是無形的國土。過去因為缺乏整體規劃，業者要求一些，政府就像擠牙膏一樣，擠幾個頻段出來賣，4G頻段的標售就是如此。因為電信公司看不見釋出頻譜的總量，用大價標下，再把成本轉嫁到消費者的電信資費上，上網費用才會這麼貴。」林佳龍用比較容易理解的方式，和幕僚交換意見，談到這個觀點。

在林佳龍的認知中，希望利用這次整體規劃5G頻譜的機會，除了商用頻道之外，也同時為警消救災、交通運輸、軍事國防和公共服務，保留政府需要的公用專網，就像一座城市的都市規劃一樣，哪些地區適合發展商業，哪些區塊留給住宅區使用，哪裡要保留給學校醫院一樣，做好規劃，才能將每個頻段，做最大化的利用。

協調規劃5G頻譜政策
分階段釋照

既然決定要推動，林佳龍在上任後，就請部內同仁開始行動，其中，為推動5G第一波商用頻譜的開放，交通部依照行政流程，呈報行政院，而在2019年7月2日核定公告開放。開放頻段包括目前全球5G商用主流頻段3.5GHz (3.3-3.57GHz)、28GHz (27-29.5GHz)，釋出總頻寬達2790MHz。接下來，研議5G專網頻譜及後續階段頻譜配套政策，也成了政府後續溝通進行的施政重點。

在歷經多次的溝通協調會議後，政府已經將5G第二波商用頻譜，定調為第一波的延續，持續將台灣營造成為適合各式各樣5G應用服務之優質環境，預計釋照時間為第一波釋照3年後。

5G智慧運用研討

▍林佳龍體驗智慧生活

林佳龍部長進一步請交通部同仁著手協調相關單位，研議可開放頻段，初步規劃於4.4-5.0GHz頻段，開放200MHz之頻寬，後續再辦理分階段移頻至其他高頻段，以及內部頻譜的自行調整使用。至於國際間方興未艾的毫米波頻段，將優先規劃開放37-40GHz頻段，開放範圍則視頻段競標情形而定。

如此，看似大方向已經相當明確了，不過另一道橫在面前的難題，還是回到政府組織分工，如何再做協調，達成有效程序及方法。

由於企業確實有專網的需求，若能將現有頻段做整理，使得企業使用專網頻譜，或可避免搶用一般商用頻段，影響消費者網路使用品質。不過，垂直專網頻譜該如何規劃與釋出，這一點不僅業者各有其堅持立場，也是經濟部與NCC基於部會任務屬性差異，還未能達成協調、理出共識。

由於5G專網頻譜，將會是台灣產業轉型的一個可能契機，所以政府應該思考的是，如何利用政策，誘導其實現。此外，5G專網頻譜政策，涉及到國內電信業、製造業及垂直應用業者，林佳龍非常重視，也親自與電信業者溝通，更向行政院表達支持改採4.8-4.9GHz之競爭度較低的頻譜。他並且提出多個概念，包括如果標金超出預估的400億元之後，是否考慮該如何回饋電信服務業、讓專網頻譜應先實驗合格後再取得、以及未來主管機關的管理模式等等具體建議。

從公共管理與產業興利的角度而言，在全世界各國，5G政策都是最新且最需要應對的趨勢，部分國家都已經悄悄走在前面，但台灣花了一些時間摸索，政府若未能快速因應，擬定策略及執行，就會在治理層面與效能，落後於國際趨勢，不僅喪失競爭力，更可能帶來政府管理危機。

林佳龍接手交通部之後，明確認知，在自己的任期內，沒有迴避5G的必要，也不能拖延、等待，因此透過創新治理的構想及協調策略，主動針對5G政策此一重大政策，打破原先可能政府間難以整合的鴻溝，既要讓電信商投資合乎效益，又要兼顧使用者權益，以及找出業者之間共同建置合作的模式，達成5G的商業與公共性均衡。

5G發展在台灣一度差點形成「三不管」，業界擔心商業模式不確定，政府政策不明，關鍵頻譜未定案。面對公共政策的急迫與重要性，林佳龍選擇透過積極介入協調，善用交通部郵電司的角色翻轉，引導頻譜整理，推動釋照時機，注入產業概念，讓5G政策活絡起來。未來，包括遠距醫療、自動駕駛、AR/VR、IoT等產業及商業服務、公用事業等，甚至與北、中、南區域工業區的結合使用，都將在5G環境下，讓台灣開啓經濟發展新的一頁。

NCC辦理5G競價結果

（單位：新台幣億元）

頻段位置區塊及頻寬	通訊業者	位置報價	數量報價	總價金
F1~F4　4區塊/40MHz (3300MHz~3340MHz)	台灣之星	0	197.08	197.08
F5~F12　8區塊/80MHz (3340MHz~3420MHz) G16~G19　4區塊/400MHz (28500MHz~28900MHz)	遠傳電信	20.3 0	406.0 4.12	430.42
F13~F21　9區塊/90MHz (3420MHz~3510MHz) G10~G15　6區塊/600MHz (27900MHz~28500MHz)	中華電信	20.8 0	456.75 6.18	483.73
F22~F27　6區塊/60MHz (3510MHz~3570MHz) G24~G25　2區塊/200MHz (29300MHz~29500MHz)	台灣大哥大	0 0	304.5 2.06	306.56
G20~G23　4區塊/400MHz (28900MHz~29300MHz)	亞太電信	0	4.12	4.12

未來5G政策三大觀察方向

* 專網將延後至第二波5G商用頻譜釋照後，大約2023年後進行；
* 專網將採審議制，取得成本與商用頻譜相當，以避免企業、電信兩邊取得頻譜資源不公平競爭。
* 開放企業可與電信業者共同合作申請專網，但申請人須以專網所有權人或使用人為申請主體。

觀光產業因應疫情嚴峻挑戰

善應變與遠策略

台灣的觀光產業在近年來成長快速，各種環境及條件不斷改善，值得更積極朝向「觀光立國」方向邁進，但在2019年下半年因總統大選將屆，遭遇中國方面刻意限縮觀光客來台，陸客大幅減少，2020年開春又發生嚴重特殊性傳染肺炎（武漢肺炎，COVID-19）的疫情，從中國向世界擴散，兩起接踵而至的衝擊，對國內觀光旅遊產業，造成相當大挑戰。

林佳龍部長運用事前研判與備妥的策略，採取行動，因應陸客限縮對光觀衝擊，更以不拘泥於過去防疫經驗的「提前部署」觀念，面對瞬息萬變及難以捉摸的疫情發展，找出支撐觀光產業度過難關的方式與振興策略。

陸客縮減衝擊觀光
洞察先機擬妥對策

「交通部觀光局稍早通報我，今（2019）年8月1日起，中國將暫停核發47個自由行城市個人旅遊簽證。很明顯的，這是中國企圖透過管制來台自由行旅客，脅持觀光產業，進而影響台灣選舉……」交通部長林佳龍在臉書上這樣寫著。

「不過，我們早就料到會有這招了！」林佳龍部長拿出厚厚一疊資料，再次確認計畫的推展策略，並和來訪的記者說道。

林佳龍口中的早有料到，其實是與他的手上「未來行事曆」所記載資料有關。未來行事曆是他在2019年1月上任後的一個策略工具，透過與幕僚詳細規劃討論，預判未來可能發生的情勢，事前擬定因應計畫的一份記事帳本。如果攤開未來行事曆，中間是一條長長的時間軸線，軸線的上方，紀錄著一整年各月份的國家與國際重要大事，下方則是交通部內各政策與因應時間點，把可預見來臨事件，逐一管理。

顯然，陸客縮減的衝擊，從部長的角度而言，並非突如其來的變化，而是有跡可循與充分事前掌握情資，林佳龍根據他所獲得的訊息，提前擬妥應對策略，將預判可能發生之事，早早安排在這張行事曆的收納之中。

有效應對陸客限縮危機：掌握情資、提前佈局

由於交通部有相當龐大的交通運輸業務需要管理，包括每逢連假及寒暑假的旅遊旺季，相關的鐵路、公路、航空等交通運輸，事先就要規劃加開大眾運輸班次，以及各項用路配套措施。至於每逢遇到選舉，負責國內接待的旅行業界也知道，大選前幾個月，來台灣的陸客人數必定大幅減少。

在林佳龍部長的觀念中，這些事件都是可預期的，所以必須先把發生時間點與所需期間，明確標出來，各部門就能事先擬定因應對策，他也會對幕僚提示，「預先作好沙盤推演，對於可能會發生的危機狀況，就能從容的處理。」

由於總統大選的政治因素，即使觀光旅遊業界原本就預期在2019年底最後一季，陸客來台人數才會明顯減少，沒想到中國突然在7月底就提前宣佈限縮政策，自8月起暫停核發47個自由行城市個人旅遊簽證，原本以為會

對台灣的觀光產業造成嚴重衝擊，但交通部並未因此慌張，相關單位也不見手忙腳亂，而是把原本就事前擬定的配套計畫，順勢推出，派上用場。

交通部事前已經規劃國旅補助方案，希望用政策刺激國人出遊，協助觀光業，因此9月上路的有感秋冬旅遊補助甫推出，瞬間成爲媒體輿論報導焦點，更吸引民眾口耳相傳，在網路上頻頻轉貼。面對預料中、卻提早出現的危機，打破預定規畫，採取迅速回應，成爲解決這道難題的必要策略。交通部國旅補助方案透過短期密集訊息散播，化解觀光業對陸客縮限疑慮，也引起國人對出遊議題的熱潮。

無論是平日使用參與補助方案的旅宿，每房每晚1000元的住宿補助，或者報名參加合法旅行社團體旅遊，每人每日補助500元，這些補助金額不算大，卻帶來很實際的旅遊動機及效果。不過雖然累積了幾波的國旅補助，但這僅是政策的局部，觀光產業還需要更多激勵方案。

刺激國旅多管齊下
百億信貸當業者後盾

交通部規劃方案時，考慮到國旅已有多波推行，觀光局必須擴大做法，讓民眾在入住參與補助活動的住宿時，還可以領取夜市券、12歲以下孩童前往觀光遊樂園免費遊玩1次的優惠、以及冬季受喜愛的溫泉湯屋折扣優惠等等更爲細項措施，讓國旅的適用層面更多元且實用。

多管齊下的策略，果然反應熱烈，住宿及夜市券補助期限，從原本到2019年12月31日，延長到2020年1月31日止，而溫泉券的使用，更延長到

2020年2月29日。以屏東縣爲例，縣府已經繼續申請第三波補助，以迎接跨年及寒假過年的旅遊人潮，民宿業績成長二至三成，有些熱門飯店業績甚至成長一倍。

應對方案的規劃層面，必須要更爲綿密且能發揮綜效，因此策略上從民眾個人的「有感」，擴大到觀光相關業界的「有用」。

包括自2019年10月1日起，交通部對約有1萬6357輛遊覽車，實施1年免徵汽車燃料費的優惠措施，預估每輛車1年可少繳3萬元左右。對於沒有團客可接的華語導遊，也提出獎助人才培訓計畫，鼓勵利用淡季報考外語導遊，擴大服務市場。這些輔助性措施，其實對於受陸客限縮影響的業者及從業人員而言，等於是另一種形式的實質幫助，或者趁此時機累積競爭力，而非僅從消費市場來拉抬觀光產業，對整體業界來說是相當眞切的感受。

林佳龍認爲，交通部在處理觀光產業議題，不能僅從宣傳或促銷的面向去關注，而必須思考業者的生存及產業興利的策略。

林佳龍發現，過去財政部、金管會，甚至銀行業等，對旅宿業貸款標準較爲嚴格，如今觀光業面對嚴峻環境條件，所以邀來金管會、財政部、經濟部等單位會商。經過溝通，以及各部會首長的力挺，確定由中小企業信用保證基金，作爲辦理旅宿業貸款的信保，總貸款額度達100億元，至2021年底前，並由交通部觀光局提供5億元信用保證專款，供信用保證業務運用。

有了這些資源活水引入觀光產業，作爲旅宿業者的後盾，不僅能幫助較爲中小型的業者度過陸客限縮衝擊影響，並趁著得以緩衝的短期階段，幫自己的旅宿空間修繕或者規劃，讓服務內容升級、更能正向吸引旅遊消費者前來。

扭轉市場改變觀光客結構
來台人數不減反增

雞蛋不能放在同個籃子裡，才能分散風險。國內的觀光產業過去高度依賴中國來台觀光客，雖然帶來相當可觀的收入，但隨著政治情勢變化，或者純粹失去熱度，這樣的榮景隨時都可能消逝，從政策管理的角度而言，其實早就應該未雨綢繆。

事實上，中國旅客佔所有國際觀光客比例，已經由2015年接近40%，減少到2018年的25%，人數從418.4萬減少到269.6萬，因此，將觀光重心移轉到加強日韓、港澳、東協、歐美與其他國家的宣傳，是近幾年來觀光局的政策方向。因應陸客減少，交通部提供包機獎助，半年內桃園、松山以外的機場降落費免收；同時還邀請國外知名網紅、YouTuber來台體驗宣傳，增加台灣能見度，並提高其他國際觀光客來台的意願，都是有別於以往的創新做法。

2019年下半年陸客減縮雖是事實，不過從事實數據來看，國際觀光客造訪台灣的總人次卻是逐年攀升，從2018年的1106萬，到2019年12月中就已經突破1111萬人。其中日本旅客突破200萬人，韓國、泰國、菲律賓及新加坡旅客人數也成長一至三成，出現來台觀光客層結構的顯著變化，陸客、日韓、東南亞、歐美及其他國家各佔1/4的比例，是相當平衡且正常化的發展。

如果談到觀光產業話題，從網友的意見就看得出，來台旅客類型的轉變，像是「走在西門町，怎麼只有自己在講華語啊？」、「無論走到哪裡，捷運、公車、甚至藥妝店便利商店，到處都聽到有人在講韓文！」、

「台南高雄也是，什麼國家的遊客都有！」、「原本覺得冷門的景點，今年也突然多了好多觀光客！」

相較於以前陸客多以團體方式旅遊，大量且密集進佔每個觀光景點，在陸客限縮，來台驟減之後，不難發現其他國家觀光客來台，以自由行居多，他們自由進出大城小鎮，體驗在地生活，觀光客消費力更加深入各行各業，從高檔飯店到民宿、從米其林餐廳到路邊小吃、從精品百貨到便利商店、從計程車到捷運公車，一般民眾有更多機會接觸到觀光客，更多商家能夠感受到觀光客帶來的收益。

從解決問題靠策略引導、改變困境的管理模式而言，陸客限縮影響觀光業的危機，原本應該是交通部在2019年相當大的挑戰，但在能預判問題的基礎上，做足準備，推出各種有效因應策略，加上多種配套措施，對旅客、對業者都有吸引力及實質幫助的情況下，將一個可能帶給產業衝擊的重大挑戰，化為轉型契機，逐步調整觀光產業結構，或許是陸客不來，意外帶來的效益。

治標更需治本
觀光三箭蓄勢待發

林佳龍部長認為作為一個決策者，除了對短期問題及時提出因應措施，讓人民有感，更需要將眼光放遠，訂定長期規劃，才能帶領台灣觀光走向更健康的發展方向。因此他特別籌畫觀光局升格，希望在未來行政院組織改造的時候，能讓觀光升級，發揮火車頭效應。就觀光產業發展而言，林佳龍認為不只要改變現有問題，更必須把眼光放遠，因此2019年底召開的全國觀光發展會議，結論要設法落實，積極制定台灣觀光政策十年發展綱領（Taiwan Tourism 2030），作為下個階段發展的策略，相當重要。

從陸客限縮來台的事件可以發現，這將不是短期市場現象，而可能是刻意操縱、甚至成為中長期趨勢，交通部立場也就必須轉為積極協助旅遊業者升級、轉型、開拓新客源。從治標更需治本的角度而言，為協助旅行業服務能量的深化及多元，林佳龍指示推出「促進旅行業發展方案」，從四個面向開展：

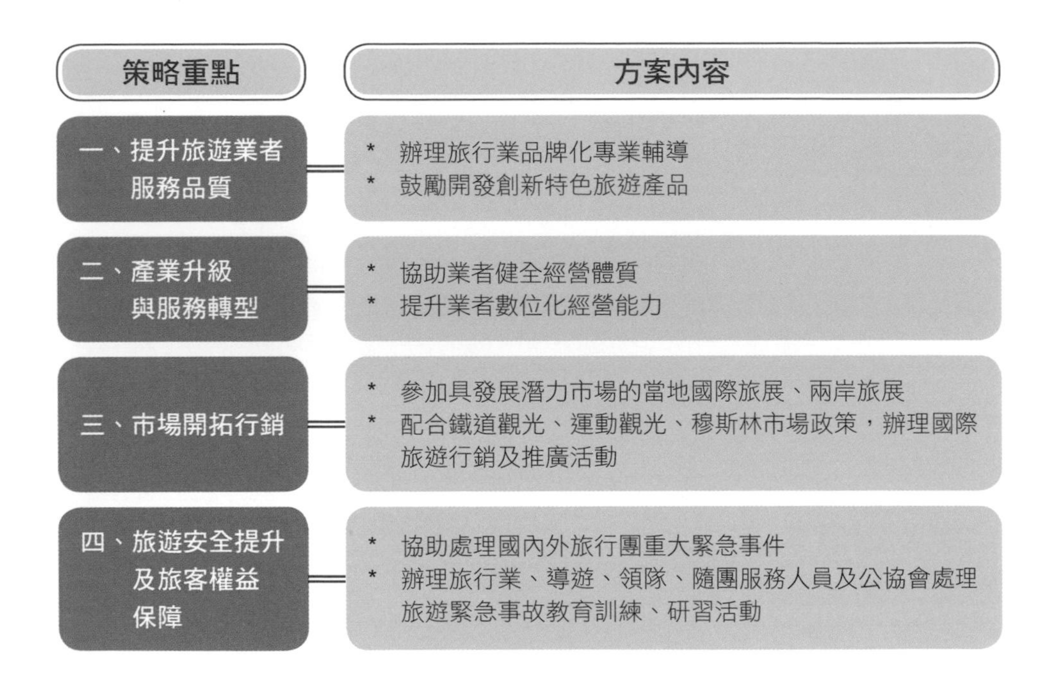

策略重點	方案內容
一、提升旅遊業者服務品質	* 辦理旅行業品牌化專業輔導 * 鼓勵開發創新特色旅遊產品
二、產業升級與服務轉型	* 協助業者健全經營體質 * 提升業者數位化經營能力
三、市場開拓行銷	* 參加具發展潛力市場的當地國際旅展、兩岸旅展 * 配合鐵道觀光、運動觀光、穆斯林市場政策，辦理國際旅遊行銷及推廣活動
四、旅遊安全提升及旅客權益保障	* 協助處理國內外旅行團重大緊急事件 * 辦理旅行業、導遊、領隊、隨團服務人員及公協會處理旅遊緊急事故教育訓練、研習活動

陸客來台的問題，林佳龍的判斷認為，某種程度上並非操之在我們，期盼也歡迎陸客來，希望選舉過後能結束限縮，但這也只能是一種呼籲，如果對岸有善意回應，交通部擴大國旅的做法就會再改變，畢竟擴大國旅是政策重要目標，但不一定要用補助的方式。

林佳龍之所以對外表達歡迎陸客來訪，一部分原因也是在回應對岸的「試探」，就林佳龍所掌握的情資，總統大選過後，北京方面曾批准兩個省份的旅遊團造訪高雄，不僅有點統戰意味，也意圖對新當選連任的蔡總統施壓，但政府並未妥協，使得陸客限縮政策，北京一時之間沒有新的調整，並未重新全面開放陸客團來台。

於是，2019年下半年逐漸在台灣消失的陸客團，就這樣又靜悄悄的停滯著，甚至到農曆春節前，都沒有出現變化，前兩年（2018、2019）平均一天有1萬名陸客來台灣過農曆年的盛況，在2020年的寒假春節，各地觀光景點、夜市，也就沒有出現到處都是陸客團的景況。

武漢肺炎來襲
決戰邊境守護國門

2020年1月11日，台灣經歷總統大選，選戰熱烈氣氛到達頂點之後，社會逐漸沉澱下來，準備迎接農曆春節，但一些在中國發生不尋常流行病的訊息，在選後的一個星期內，開始在各媒體小量出現。當大眾都還把這些事情當新聞看的時候，林佳龍部長已經意識到必須提高警覺。果然不出幾天，武漢肺炎（嚴重特殊傳染性肺炎，或稱新冠肺炎COVID-19）如黑天鵝效應般，無聲地從中國向外蔓延開來，在初期資訊不透明的情況下，對於一海之隔的台灣，形成莫大挑戰，立刻讓人聯想到，當年SARS的情境是否即將再次浮現。

交通部雖不是防疫指揮主責單位，但相關運輸業務都形同防疫最前線，息息相關。林佳龍早在1月19號就下達指示：**「操之在己的部分應該**

要做好管控」，因此要求機場、港埠單位立即全面提升簡易警戒，並配合衛福部疾管署的防疫規劃，開始落實邊境檢疫工作、包括必要的登機檢疫。交通部隨即在22日召開應變會議並成立專案應變小組，並啓動未來行事曆、評估可能衝擊、準備應變方案，以及落實各局處的分工作業，整個交通部瞬間動起來，做好各種因應準備。

1月22日，當許多人都沉浸在即將過農曆年的濃厚節慶氣氛中，卻是武漢肺炎擴散相當關鍵的一天，也讓台灣在這波全球疫情當中，最早響起防疫作戰的號角聲。

林佳龍深知防疫作爲必須重視下決策的「時間點」，所以在政府決策會議中，力排眾議、極力主張飛往武漢的航班必須即刻停飛，並將隔天就要抵達台灣的兩個武漢旅行團緊急喊停，針對後續十團共178名陸客，亦透過管道協調取消來台。另一方面，他也要求相關單位將仍然在台的陸客團，於1月31日前盡速送返。這些決定雖然不在衛福部及防疫指揮中心的最初構想之中，但林佳龍認爲，身爲政府團隊的一部分，就有責任且有必要將交通部負擔防疫責任的工作做好，才能爭取台灣對抗疫情蔓延的有利時間。

算是某種巧合般的，延續2019年對岸禁止陸客團來台旅遊，在春節期間並未全面開放，台灣少了必須估算及承擔大量陸客入境的壓力，因此交通部也快速清點因應措施，協助疫情指揮中心掌握在境內的陸客人數及行蹤動態，減少疫情威脅的可能。

就在下達指令不到24小時，武漢在1月23日小年夜宣布封城，消息傳開，立即引發一片譁然，交通部停止湖北疫區和台灣的飛航往來，成了全世界第一個對中國實施局部停航的決策，不出多時，歐美與亞洲多國陸續跟進，停止飛往中國武漢等疫情較嚴重城市。

武漢包機返抵桃園機場

不過，武漢封城也帶出了另一個難題：滯留當地的台灣人該如何安全回家。民航局配合陸委會的研判，一度考慮運用華航往返包括武漢、長沙與南昌的定期航班，作爲輸運台商國人返台路線，並在專機上配有防疫人員隨行，可惜腹案卻出現轉折，第一班武漢台商撤離航班，演變成爲一場角力戰，隱含了兩岸政治及政黨因素在其中。

防範武漢肺炎擴散，考驗著政府及民間企業的應變能力，現有政府官員當中，不乏有許多人經歷過SARS風暴，但林佳龍認爲SARS時候的狀況，跟這次武漢肺炎不完全一樣，**「過去的經驗也可能會限制我們的處理方式」**，因此在召開部內應變會議時，除了和主管及幕僚分享2003年處理「嚴重急性呼吸道症候群（SARS）」的防疫作戰經驗，也特別提醒，不要陷入過去的經驗迷思。

SARS疫情當年，林佳龍擔任行政院發言人，而當時行政院長則是目前的立法院長游錫堃。從行政院的職責及高度，扛起各種防疫應變處理，過去的深刻體驗，讓林佳龍在相隔17年後，面對武漢肺炎來襲，除了戒愼，多了一份沉穩。

林部長陪同蔡總統視察桃園機場防疫措施

林佳龍記得當時處理疫情除了各項危機應變，更是面對社會人心考驗的一課，因此考量防疫工作必須搶先部署，無論是航班輸運及邊境防疫，包括處理遊輪能否靠岸問題等，都要明確果斷，才能讓外界的擔憂焦慮，因爲有足夠資訊而安心。同時，也要處理疫情期間需要藉由航空班機往返的旅客，需填寫交通部協助策畫的「旅客健康聲明卡」，讓國人及各國旅客，做好入境台灣之後的健康管理，幫忙守護國門安全。

防疫也防經濟海嘯
紓困振興同步開展

然而，疫情在全球擴散的速度，超過當初大眾的想像，從香港、日本及韓國陸續增加確診感染人數，乃至於延伸至歐洲義大利、中東的伊朗等地，

不僅對航空運輸及旅遊業造成強烈衝擊，也對全球經濟及各類產業市場增加許多變數，對國內才遭受陸客縮減影響的旅遊觀光，更是又一波嚴峻挑戰。

林佳龍很快速的在農曆春節期間，開始與幕僚籌畫中長期的因應對策，即是「運輸維持、業界紓困、產業振興」三個面向，準備透過計畫及預算幫助產業度過挑戰。透過與府、院回報及溝通，以及掌握新一屆立法院開議後的動向，林佳龍指示交通部所屬單位全面擬妥紓困振興方案，與公協會單位接洽，建立管控機制。

立法院在2月25日三讀通過《嚴重特殊傳染性肺炎防治及紓困振興特別條例》，編列600億預算針對相關產業進行補助，各部會開始規劃相關辦法與對策，但紓困方案補助給誰？怎麼給？給多少？紓困「菜單」其實很不容易處理，交通部各單位在規劃、核算，經常是幕僚作業加班到深夜，但林佳龍請部內同仁，要讓民眾「有感」，要苦民所苦，急民所急，盡可能把條件合理也放寬，讓必須顧及的業者、交通觀光相關的產業勞工朋友，獲得即時補助、補貼，另一方面藉此機會轉型、培訓及升級，迎接疫情舒緩後的契機。

4月2日，行政院再推出紓困2.0方案，共計1兆500億元，交通部可動用經費從196.67億，再加碼275.75億元，總經費紓困1.0與2.0方案，增加至472.42億元。對於觀光產業紓困2.0方案共有5大項目，當中有3項是擴大1.0方案補助金費，包含觀光產業人才培訓、旅行業停止出入團補助、觀光產業融資貸款及利息補貼。新增2項目則是觀光產業（旅館業、民宿業、旅行業、觀光旅遊業）員工薪資補貼，業者業績衰退5成以上，未採用「減班休息」且員工減薪未達20%者可申請，補助金額以員工薪資計算，補助共每月原薪資40%（交通部及勞動部各分擔50%），上限每月2萬元，讓對「人」的補助能更明確。

林佳龍在紓困案規劃過程中，主張要對「業者」、「產業勞工」這兩大類型的補助對象要有確切的補助方式及目標，希望業者能繼續共度難關，更不希望因爲疫情造成衝擊，連帶使得勞工失業，在多次分批接見運輸業、旅館業、航空業等類別的公協會、企業負責人的時候，都強調要讓員工安定，不要輕易裁員，在這個階段做好準備、轉型，等待復甦的時機來臨，希望讓補助不只是給錢，而是要讓受影響的民眾，無論在生活、技能都保有動能。

此外，針對比較特殊的航空業，除了有專款的500億元紓困方案，以及各類型的補貼、緩繳租金費用等方式，林佳龍注意到了受影響最嚴重的航空業者，需要的資金額度非常龐大，但在個別與銀行申請貸款過程，可能面臨困難，於是出面協調台銀等公庫，希望用更簡便而有效率的聯貸方式，透過專業審查小組的把關，盡速讓航空業者能取得周轉資金應急。

而航空運輸業包括機師、空服員及地勤等相關產業員工，雖然是一般

認爲相對所得較高，但其實在客運航班幾乎都停擺的情況下，也有收入上的困境，林佳龍也希望在先補助基層員工之後，交通部也能考量對航空業勞工，給予一定的補助。這樣的政策方向，讓部分民航業者大感意外，某位民航公司高層甚至向林部長說，「從來沒有想過交通部會考慮到補助我們的員工，非常感謝！」。林佳龍則希望民航業界，能在防疫期間，勞資之間要能多溝通，多彼此體諒，也藉此機會調整民航業者本身的營運體質，提升各項訓練及備妥疫情過後更好的服務。

交通部紓困方案與階段概要

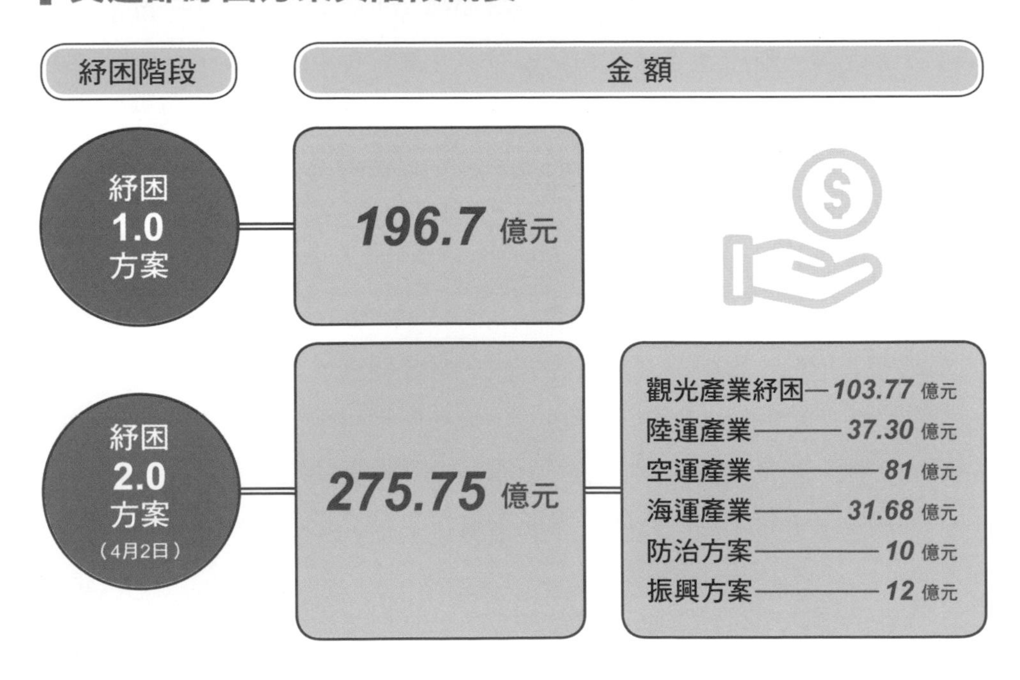

交通部紓困2.0新增方案內容摘要

紓困業別	方案重點
觀光產業	* 觀光產業人才培訓、旅行業停止出入團補助、觀光產業融資貸款及利息補貼 * 新增觀光產業（旅館業、民宿業、旅行業、觀光旅遊業）員工薪資補貼，業者業績衰退5成以上，未採用「減班休息」且員工減薪未達20%者可申請，補助金額以員工薪資計算，補助其每月原薪資40%（交通部及勞動部各分擔50%），上限每月2萬元 * 觀光遊樂業團體訂單取消補貼補助
陸運紓困方案	* 新增補貼降低台鐵車站相關承租業者租金及權利金 * 行駛機場線國道客運業者，給予每輛一次性3萬元補助 * 運輸從業人員薪資補貼，計程車駕駛人（約10萬1600人）、遊覽車駕駛人（約1萬8300人），每人每月1萬元、補貼3個月
空運紓困方案	* 航空業、機場業者費用補貼方案加碼補助 * 提撥專款作為貸款信用保證共45億元 * 航空相關業者貸款利息補貼共5.3億元 * 補貼民航業50%停留費 * 補貼民航訓練機構降落費 * 向機場租用土地房屋使用費、補貼航空維修業者的各項裝備及零組件維修廠 * 向機場租用土地房屋的使用費
海運業	* 新增補助包含提撥專款作為貸款信用保證 * 補貼業者貸款利息、港區土地租金補貼等
防治方案	* 補助辦理防疫旅館，與地方共同合作，由觀光局獎助各直轄市、縣市政府 * 鼓勵所轄合法旅館業者加入防疫旅館行列，提供須居家檢疫者入住，降低社區感染風險，每房每日補助1000元，目標4000房。
振興方案	* 針對參團出國（1月21日至3月21日間），因疫情取消行程的旅客，提供500元觀光抵用券，可用於旅行業、旅宿業、觀光遊樂業。推估約有239萬人次為參團旅遊，預計於9月至12月提供申請，每月3億元。

因應特殊傳染性肺炎疫情歷程　大事記

（至2020年4月30日止）

日期	事件
2019.12.31	疾管署針對武漢直航入境航班執行「登機檢疫」措施
2020.01.08	中港澳入境航班抵達降落前，配合播放衛教宣導資料 確認新型冠狀病毒為疫情病原
01.11	武漢出現41例確診，1人死亡
01.19	林佳龍部長指示機場、港埠全面提升邊境檢疫警戒，配合疾管署防疫
01.20	疫情等級提升為第三級，交通部納入「邊境檢疫組」及「社區防疫組」
01.21	我國第1例確診，境外移入個案，美國亦出現確診第1例 提升武漢市為橙色旅遊警示地區
01.22	部長召集主管應變會議，交通部成立專案應變小組 觀光局請旅行業者暫停接待武漢觀光團
01.23	疫情等級提升為第二級，防疫指揮中心由衛福部長擔任指揮官開設 武漢等多個湖北城市宣布封城 香港、新加坡與越南傳出確診病例
01.24	我國確診第2、3例出現 禁止疫區中國旅客入境 民航局配合疾管署發送旅客健康聲明卡，航空公司須在機上發放給旅客填寫
01.25	中央流行疫情指揮中心將湖北省建議第三級警告，其他各省市第二級 旅行業暫停接待陸客團及組團前往中國（不含港澳） 澳洲出現首例確診，曾到過武漢之中國籍男子 立法院通過「嚴重特殊傳染性肺炎防治及紓困振興特別條例」，總統同日簽署
01.26	我國確診第4例，有武漢旅遊史 在台灣之武漢團旅客全數出境 暫停發放小三通落地簽證
01.27	三類觀光部分實施暫緩受理來台，已發入台許可證者，推遲來台。 在台灣湖北團全數離境

日期	事件
01.28	提升中國大陸不含港澳的旅遊疫情建議至第三級警告
01.31	在台灣之陸客團已全數出境
02.03	協助武漢國人返台專機專案 行政院召開疫情發展與觀光產業輔導會議
02.06	暫停旅行業組團赴港澳旅遊（不含轉機）
02.09	我國無確診發生 中國確診人數達3.7萬人，全球死亡人數813人，已超過SARS全球死亡的774人
02.10	港澳人士、學生自2月11日起全面暫緩入境，衝擊7千多名港澳生
02.11	我國升高港澳、新加坡及泰國旅遊警告，中港澳提升至第三級警告
02.12	WHO祕書長譚德塞於記者會宣布，再將2019新型冠狀病毒所引發的疾病「武漢肺炎」，更名為「COVID-19」
02.16	指揮中心宣布我國出現首起死亡案例，一位60歲男性，2月15日晚間因武漢肺炎合併敗血症死亡
02.18	我國將鑽石公主號列為疫區，船上有22名台灣人，其中4人確診
02.20	教育部宣布COVID-19停課標準
02.22	台灣對日、韓旅遊疫情升至第二級「警示（Alert）」
02.24	韓國社區傳播廣泛且快速，已達763例，我國決定將韓國旅遊警示提升到第三級，避免非必要旅行
02.25	立法院通過「嚴重特殊傳染性肺炎防治及紓困振興特別條例」，總統同日簽署公布實施
02.26	交通部發布協助觀光產業轉型培訓實施要點（特別條例子法）；振興觀光產業及融資信用保證要點（觀光發展基金）；補助客運業防疫費用作業要點
02.27	中央流行疫情指揮中心一級開設，交通運輸全面提升防疫作為 行政院會通過「中央政府嚴重特殊傳染性肺炎防治及紓困振興特別預算案」，交通部編列167.7億元 白沙屯拱天宮、大甲鎮瀾宮宣布延期舉辦媽祖進香活動
02.28	配合防疫，台鐵宣布台北車站大廳減少民眾群聚至4月底

日期	事件
03.01	中央地方居家檢疫隔離服務計畫上路
03.04	交通部實施居家檢疫者自機場返家交通方案，「防疫車隊」（包括桃園機場、松山機場、台中機場與高雄機場規劃專門動線引導）啟動
03.07	法、德、西班牙疫情快速增升，旅遊警示列為第二級警示
03.09	口罩2.0新措施，採網路預購、超商取貨
03.10	第二批武漢包機分兩批次抵台，並實施嚴格隔離檢疫
03.14	美國總統川普宣布進入「國家緊急狀態」。撥款500億美元（約1.5兆新台幣）
03.18	台灣新增23例確診，其中21例境外移入、2例本土，總病例數達100 交通部擴大對航空與觀光產業紓困計畫
03.20	指揮中心宣布從21日零時起全球旅遊警示都提升到第三級，請國人非必要避免前往，自國外入境者皆需14天居家檢疫
03.24	全球已有超過35萬人感染病毒，1.5萬人病逝，15億人禁足在家
03.27	全球確診數突破50萬人。美國確診數則突破8.3萬人
03.29	首班「類」包機晚間10點20分抵台，接回153名滯留湖北者返國 日本演藝圈確診首例，有喜劇王之稱的志村健病逝 全球因染疫病逝人數超過3萬。
03.30	日本政府與國際奧委會達成協議，東京奧運改期至2021年7月23日至8月8日舉行
03.31	指揮中心公布公共空間社交距離指引原則：在非特定人的公共空間，室外保持人與人之間距離1公尺，室內至少要1.5公尺 美國新增865死，創單日最高紀錄，累計死亡人數3,873人，超過911恐攻罹難人數（2,977人）
04.01	交通部觀光局推出「安心防疫旅館」專案，每房每日補助業者1000元，同時公佈「『COVID-19（武漢肺炎）』因應指引：防疫旅館設置及管理」，自4月1日至6月30日
04.02	行政院通過第二階段紓困方案，追加1,500億，總計規模達1兆500億元

日期	事件
04.03	全球疫情確診人數達100萬，死亡人數超過5.1萬 指揮中心宣布，高鐵、台鐵、捷運、客運的大眾運輸工具將要求乘客戴口罩，若勸導不聽者將予罰款
04.06	指揮中心宣布，清明連假前往擁擠景點者，一律自主健康管理14天，並應盡量在家上班
04.09	全球確診人數超過150萬，死亡8.8萬人 林佳龍部長宣佈，飯店、旅館業者每間最少可獲得20萬元補貼、最高1000萬元；旅行社每間最少10萬元、最高2500萬元的營運補貼
04.11	全球確診人數超過170萬，死亡10萬人，美國死亡病例超越2萬，為全球最多，美國史上首次50州進入災難狀態
04.13	交通部宣布擬針對租賃車業提供融資貸款展延，並減收50%的牌照稅及汽燃費，擴及租賃車駕駛補助 行政院宣布，綜所稅、營所稅申報，全面延長至6月底
04.14	我國宣布新增案例為0確診 觀光局公布第二波紓困措施，投入90億元，補貼觀光產業人員薪資，包括飯店旅館、民宿、旅行社、遊樂業與導遊領隊等，預計16萬人受益 美國總統川普宣布暫時停止資助世界衛生組織（WHO）
04.15	工研院宣布開發「手持式核酸分子快篩系統」，在潛伏期就能檢測病毒，1小時內完成快篩
04.16	台灣單日新增0確診，連續4日0本土案例
04.17	台灣0確診，連續第2天無新增病例。自19日起，停止週日向藥局、衛生所配發口罩，藥局可不營業。
04.18	新增3例確診，發現於海軍敦睦艦隊磐石號軍艦人員，國防部已緊急召回，全數337人集中入住檢疫所隔離並採檢
04.20	湖北第二批類包機返台，共231名旅客與14名機組員，其中3人前往醫院檢驗皆陰性
04.21	紓困與振興預算追加1,500億，可視疫情需要另編列特別預算，以2,100億元為上限，紓困特別預算最高額度為4,200億

日期	事件
04.24	17年前SARS期間，和平醫院封院，指揮中心專家諮詢小組召集人張上淳感謝和平醫院持續擔負感染症專責醫院任務，整體國家防疫作為有很多進步，民眾素養提升。
04.25	磐石艦人員計31人確診。指揮中心統計國內至今病例分析，屬無併發症之輕症有69.6%（298人）、肺炎22.2%（95人）、嚴重肺炎或急性呼吸窘迫症候群8.2%（35人）。重症患者，曾有24例使用呼吸器，仍有9例使用呼吸器
04.26	台灣0確診，累計14天無本土病例，確診數429例。全球死亡人數超過20萬
04.27	台灣0確診，國內累計通報60,956例（含59,269例排除），其中429例確診，分別為343例境外移入，55例本土病例及31例敦睦艦隊。確診個案6人死亡，290人解除隔離，其餘持續住院隔離中 五一連假1968 App提供人潮熱點，讓景區等熱點人潮分流
04.28	「高速公路1968」人潮示警功能將持續精進
04.30	航港局防疫升級，增設東琉線紅外線測溫儀

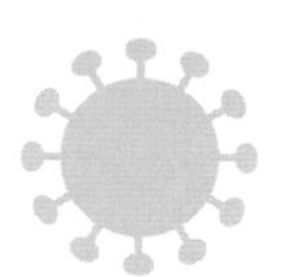

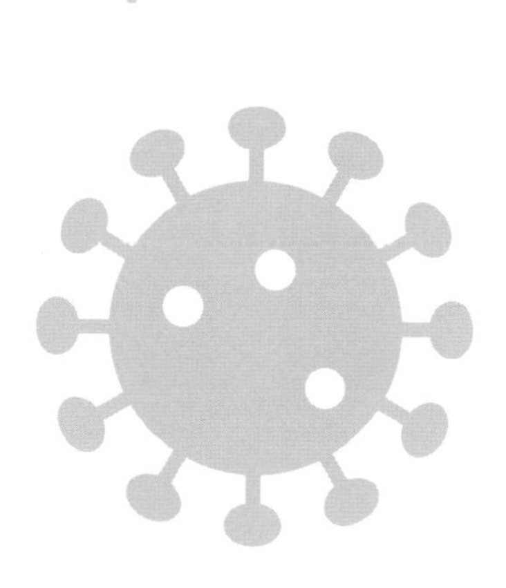

附

交通部紓困振興方案

交通部依據「嚴重特殊傳染病肺炎防治及紓困振興特別條例」紓困經費編列簡要表

（累計至2020.04.16止）

方案	1.0 經費	2.0 經費	1.0＋2.0 經費
一、防治及紓困	142.17億元	242.99億元	385.16億元
（一）觀光產業	44.00億元	95.89億元	139.89億元
（二）陸運產業	44.61億元	37.22億元	81.82億元
（三）海運產業	4.93億元	30.93億元	35.86億元
（四）空運產業	48.63億元	78.95億元	127.58億元
二、振興	54.50億元	12.00億元	66.50億元
合計	196.67億元	254.99億元	451.66億元

交通部紓困、復甦及振興方案1.0計196.67億元（特別預算167.67億元＋觀光發展基金29億元）
紓困、復甦及振興方案2.0計254.99億元（納編追加預算131.29億元＋本部基金自籌123.7億元）
（資料來源：交通部）

PF0271

危機最前線
──林佳龍如何帶領交通部跨越難關

作　　者	馬　機
攝　　影	鄭斐方、趙東榆
責任編輯	鄭伊庭
圖文排版	莊皓云
封面設計	王嵩賀

統籌策劃	財團法人台灣智庫
出版策劃	釀出版
製作發行	秀威資訊科技股份有限公司 114 台北市內湖區瑞光路76巷65號1樓 電話：+886-2-2796-3638　傳真：+886-2-2796-1377 服務信箱：service@showwe.com.tw http://www.showwe.com.tw
郵政劃撥	19563868　戶名：秀威資訊科技股份有限公司
網路訂購	秀威網路書店：https://store.showwe.tw 法律顧問　毛國樑　律師
總 經 銷	聯合發行股份有限公司 231新北市新店區寶橋路235巷6弄6號4F 電話：+886-2-2917-8022　傳真：+886-2-2915-6275

出版日期	2020年5月　BOD一版 2020年6月　二刷 2021年1月　BOD二版
定　　價	320元

Printed in Taiwan

國家圖書館出版品預行編目

危機最前線: 林佳龍如何帶領交通部跨越難關 / 馬機著. -- 一版. -- 臺北市 : 釀出版, 2020.05
面；　公分
ISBN 978-986-445-401-3(平裝)

1. 危機管理 2. 風險管理 3. 個案研究

494　　109006417

讀者回函卡

感謝您購買本書，為提升服務品質，請填妥以下資料，將讀者回函卡直接寄回或傳真本公司，收到您的寶貴意見後，我們會收藏記錄及檢討，謝謝！
如您需要了解本公司最新出版書目、購書優惠或企劃活動，歡迎您上網查詢或下載相關資料：http:// www.showwe.com.tw

您購買的書名：________________________________

出生日期：________年________月________日

學歷：□高中（含）以下　□大專　□研究所（含）以上

職業：□製造業　□金融業　□資訊業　□軍警　□傳播業　□自由業
　　　□服務業　□公務員　□教職　□學生　□家管　□其它____

購書地點：□網路書店　□實體書店　□書展　□郵購　□贈閱　□其他

您從何得知本書的消息？
　□網路書店　□實體書店　□網路搜尋　□電子報　□書訊　□雜誌
　□傳播媒體　□親友推薦　□網站推薦　□部落格　□其他________

您對本書的評價：（請填代號　1.非常滿意　2.滿意　3.尚可　4.再改進）
　封面設計____　版面編排____　內容____　文／譯筆____　價格____

讀完書後您覺得：
　□很有收穫　□有收穫　□收穫不多　□沒收穫

對我們的建議：________________________________

____

____

____

請貼
郵票

11466
台北市內湖區瑞光路 76 巷 65 號 1 樓
秀威資訊科技股份有限公司 收
BOD 數位出版事業部

（請沿線對折寄回，謝謝！）

姓　　名：__________ 年齡：_____ 性別：□女　□男

郵遞區號：□□□□□

地　　址：__________

聯絡電話：(日) __________ (夜) __________

E-mail：__________